农业经济管理探究与农业实用种植技术

李玉才　高玉华　陈洪常◎著

吉林科学技术出版社

图书在版编目（CIP）数据

农业经济管理探究与农业实用种植技术 / 李玉才，高玉华，陈洪常著. -- 长春 : 吉林科学技术出版社，2023.5

ISBN 978-7-5744-0480-9

Ⅰ. ①农… Ⅱ. ①李… ②高… ③陈… Ⅲ. ①农业经济管理－研究②种植业－农业技术－研究 Ⅳ. ①F302 ②S3

中国国家版本馆 CIP 数据核字(2023)第 105663 号

农业经济管理探究与农业实用种植技术

作　　者　李玉才　高玉华　陈洪常
出 版 人　宛　霞
责任编辑　赵　沫
幅面尺寸　185 mm×260mm
开　　本　16
字　　数　280 千字
印　　张　12.25
版　　次　2023 年 5 月第 1 版
印　　次　2023 年 5 月第 1 次印刷

出　　版　吉林科学技术出版社
发　　行　吉林科学技术出版社
地　　址　长春市净月区福祉大路 5788 号
邮　　编　130118
发行部电话/传真　0431-81629529　81629530　81629531
　　　　　　　　　81629532　81629533　81629534
储运部电话　0431-86059116
编辑部电话　0431-81629518
印　　刷　北京四海锦诚印刷技术有限公司

书　　号　ISBN 978-7-5744-0480-9
定　　价　75.00 元

版权所有 翻印必究 举报电话：0431-81629508

前言

随着当前社会经济发展水平的不断提高，人民群众的物质生活也得到了极大改善。在我国，农业一向是社会经济发展的根基，农业的发展水平在一定程度上决定了我国的社会经济发展高度。社会的发展带动了农业经济的发展，人们逐渐提高了对农作物种植的重视程度，大力优化农作物的种植结构和种植方式，这对推动农业生产起到了重要的作用。在种植农作物的过程中，土壤环境、施肥方式以及农作物的栽培方式等都对农作物的生长发育产生重要的影响，通过分析各因素对农作物种植结构产生的影响，提出相关措施来提高农作物的产量。

本书是农业实用种植技术与农业经济管理探究方向的著作，本书分为农业种植技术与农业经济管理两部分，首先针对粮食作物种植技术、果树种植技术、蔬菜种植技术进行介绍；其次剖析了农业微观经济组织与宏观调控、农业生产要素管理、农产品物流管理等内容。旨在摸索出一条适合农业实用种植技术与农业经济管理的科学道路，帮助其工作者在应用中少走弯路，运用科学方法，提高农作物种植与农业经济管理效率。对农业实用种植技术与农业经济管理探究有一定的借鉴意义。

在本书的策划和编写过程中，曾参阅了国内外有关的大量文献和资料，从其中得到启示；同时也得到了有关领导、同事、朋友及学生的大力支持与帮助。在此，致以衷心的感谢。本书的选材和编写还有一些不尽如人意的地方，加上编者学识水平和时间所限，书中难免存在缺点，敬请同行专家及读者指正，以便进一步完善提高。

前言

目 录

第一章　粮食作物种植技术

第一节　水稻与小麦种植

一、水稻生产技术

（一）育苗前的种子处理

1. 种子的选用

如果种子贮藏年久，尤其在湿度大、气温高条件下贮藏，具有生命力的胚芽部容易衰老变性，种子细胞原生质胶体失常，发芽时细胞分裂发生障碍导致畸形，同时稻种内影响发根的谷氨酸脱羧酶失去活性，容易丧失发芽力。在常温下，贮种时间越长、条件越差，发芽能力降低越快。因此，最好用头年收获的种子。常温下水稻种子寿命只有 2 年。含水率 13%以下，贮藏温度在 0℃以下，可以延长种子寿命，但种子的成本会大大提高。因此，常规稻一般不用隔年种子。只有生产技术复杂、种子成本高的杂交稻种，才用陈年种子。

2. 种子量

每公顷需要的种子量，移栽密度 30 cm×13. 3 cm 时需 40 kg 左右；移栽密度 30 cm×20 cm 时需 30 kg 左右；移栽密度 30 cm×26. 7 cm 时需 20 kg 左右。

3. 发芽试验

水稻种子处理前必须做发芽试验，以防因稻种发芽率低，而影响出苗率。

4. 晒种

浸种前在阳光下晒 2~3 d，保证催芽时，出芽齐、出芽快。

5. 选种

选种指的是浸种前，在水中选除瘪粒的工作。一般水稻种子利用米粒中的营养可以生长到2.5~3叶，因此2.5~3叶期叫离乳期。如果用清水选种，就能选出空稻籽，而没有成熟好的半成粒就选不出来。用这样的种子育苗时，没有成熟好的种子因营养不足，稻苗长不到2.5叶就处于离乳期，使其生长缓慢。到插秧时没有成熟好的种子长出的苗比完全成熟的稻苗少0.5~1.0片叶，在苗床上往往不能发生分蘖，而且出穗也晚3~5 d。如果用这样的秧苗插秧，比完全成熟的种子长出的稻苗减产6%左右。所以选种时，水的相对比重应达到1.13（25 kg水中，溶化6 kg盐时，相对密度在1.13左右）。在这样的盐水中选种就可以把成熟差的稻粒全部选出来，为出齐苗、育好苗打下基础。但特别需要注意的是盐水选种后一定要用清水洗2次，不然种子因为盐害不能出芽。

6. 浸种

浸种时稻种重量和水的重量一般按1∶1.2的比例做准备，浸种后的水应高出稻种10 cm以上。浸种时间对稻种的出芽有很大的影响，浸种时间短容易发生出芽不整齐现象，浸种时间过长又容易坏种。浸种的时间长短根据浸种时水的温度确定，完成浸种后，就可以催芽。有些年份浸完种后，因气温低或育苗地湿度大不得不延长播种期。遇到这样的情况，稻种不应继续浸下去，把浸好的种子催芽后，在0~10℃的温度下，摊开10 cm厚保管，既不能使其受冻，也不让其生长。到播种时，如果稻种过干，就用清水泡半天再播种。

7. 消毒

催芽前的种子进行消毒是防止水稻苗期病害的最主要方法。按照消毒药的种类不同可分为浸种消毒、拌种消毒和包衣消毒，因此，应根据消毒药的要求进行消毒。现在农村普遍使用的消毒药以浸种消毒为多，这种药的特点是种子和药放到一起一浸到底，很省事。但浸种过程中，应每天把种子上下翻动1次，否则消毒水的上下药量不均，上半部的稻种因药量少，造成消毒效果差。

（二）催芽方法

催芽的原则是催短芽，催齐芽。种子是否出芽的标准是，只要破胸露白（芽长1 mm）就说明这粒种子已出芽。现在农民催芽过程中坏种的事经常发生，问题主要出现在催芽稻种的加温阶段。催芽的最适温度为25~30℃，但浸种用的水温度一般较低，因此，催芽前需要给稻种加温。如果加温时温度过高，一部分种子就失去发芽能力，那么在以后的催芽过程中这部分种子先坏种，进而影响其他种子。如果稻种加温时，温度不够或不匀，催芽就不齐，所以，催芽前的加温是出芽好坏的最关键的环节。加温最简单的方法是，先在大的容器里预备60℃左右的水，之后把浸好的种子快速倒进并搅拌，此时的水温大致在25~30℃，就在此温度下泡3h以上。或用大锅把水加热至35℃左右后，在锅上放两个棍子，在上面放浸完的种子，反复浇热水，把稻种加热到30℃左右。此后不需要加温直接捞出，控干催芽。这样的方法催芽，一般2 d左右就可以催齐芽。

催芽过程中出芽80%左右时，就把种子放到阴凉的地方（防止太阳光直射或冻害发生）摊开10 cm厚，晾种降温，在晾种降温过程中，余下的种子会继续出芽。如果等到所有的芽都出齐，那么先出的芽就长得很长，芽长短不齐，会影响出苗率或出现钩芽现象。

（三）苗床准备

1. 苗床选择

苗床应选择在向阳、背风、地势稍高、水源近、没有喷施过除草剂，当年没有用过人粪尿、小灰，没有倾倒过肥皂水等强碱性物质的肥沃旱田地、菜园地、房前房后地等。如果没有这样的地方也可以用水田地，但水田地做苗床时，应把土耙细，没有坷垃、杂草等杂质，施用腐熟的有机肥15 kg/m^{2}以上。

2. 育苗土准备

富含有机质的草炭土、旱田土或水田土等，都可以用来做育苗土。如果要培育素质好的秧苗就应该有目标地培养育苗土，一般2份土加腐熟好的农家肥1份混合即可。据试验，盐碱严重的地方应选择酸性强的草炭土，而且草炭土具有粗纤维多、根系盘结到一起不容易散盘、移植到稻田中缓苗快、分蘖多等优点。

3. 苗田面积

手工插秧的情况下，30 cm×20 cm密度时每公顷旱育苗育150 m^2，每公顷盘育苗育300盘（苗床面积50 m^2）。30 cm×26.7 cm密度时每公顷旱育苗育100 m^2，每公顷盘育苗育200盘（苗床面积36 m^2）。机械插秧一般都是30 cm×13.3 cm密度，每公顷盘育苗育400盘（苗床面积72 m^2）。

这里还需要说明的是，推广超稀植栽培技术，要求减少播种量，因此，有些人认为就应增加苗田面积。其实不然，如果在苗田播种量大的情况下，苗质弱的秧苗本田插秧时一穴可能插5~6棵苗。但苗田减少播种量后秧苗素质提高，稻苗变粗，有分蘖，本田插秧时只能插2~3棵苗。所以，在同样的插秧密度下，减少播种量后也不应增加苗田面积。

4. 做苗床

育苗地化冻10 cm以上就可以翻地。翻地时不管是垄台，还是垄沟一定都要翻10 cm左右，随后根据地势和不同育苗形式的需要自己掌握苗床的宽度和长度。先挖宽30 cm以上步道土放到床面，然后把床土耙细耙平。苗床土的肥沃程度也决定秧苗素质，育苗时床面上施15 kg/m^{2}左右的腐熟的农家肥，然后深翻10 cm，整平苗床。

（四）播种技术

1. 播种时间

播种时间按照预计插秧时的秧龄来确定。育 2.5 叶的小苗时，出苗后生长的时间需要 25~30 d，3.5 叶的中苗需要 30~35 d，4.5 叶的大苗需要 35~40 d，5.5 叶的大苗需要 45~50 d。催芽播种的条件下，大田育苗需要 7 d 左右出苗。据此根据插秧的时间，推算播种的时间。一般 4 月 5 日~20 日是育苗的最佳时期，在此期间原则上先播播种量少的旱育苗，后播播种量大的盘育苗。

2. 苗床施肥与盘土配制

对土的要求是，草炭土、旱田土最好。要求结构好、养分全、有机质含量高，无草籽、无病虫害等有害生物菌体；而农家肥应是腐熟细碎的厩肥，不要用炕土、草木灰和人粪尿等碱性物质。土与农家肥的比例为 7∶3，充分混合后即是育苗土。有草炭土资源的地方，以 40%的田土、40%腐熟草炭土，再加 20%腐熟的农家肥混合，搅拌均匀，即是很好的育苗土。

现在育苗一般都施用肥、调酸、杀菌一体的一次性特制育苗调制剂（营养土等），因调制剂的生产厂家不同，所配制的比例也不同，因此，必须按照生产厂家说明书要求的比例使用，不能随意增加调制剂的用量。

育苗前根据不同育苗方式的需要，事先用育苗土和育苗调制剂配制好盘土，覆盖土不兑调制剂。不同的育苗方式需土量不同。

（1）旱育苗

把调制剂（营养土等）均匀撒在苗床上，然后深翻 5 cm 以上，反复翻拌，使调制剂均匀混拌在 5 cm 土层并整平。

（2）盘育苗

因为土的来源不同，土的相对密度（比重）有很大差异，所以，应当先确定自备土的每盘需土量。一般每盘需要准备盘土 2 kg、覆盖土 0.75 kg。先装满配制好的盘土，然后用刮板刮去深 0.5 cm 的土，以备播种。

（3）抛秧盘育苗

一般每盘需要准备盘土 1.5 kg、覆盖土 0.5 kg，配制好的盘土每个孔装满后刮平，装完土的抛秧盘摞起来备用。

3. 浇苗床底水

翻地做床等工作会造成床土干燥，因此，播种前一天需要对苗床浇底水。如果水浇不透出苗就不齐，出苗率也低。所以，播种前 1 d 浇水是出苗好坏的关键，要反复浇，浇透 10 cm 以上，一定要使上面浇的水与地下湿土相连。

4. 播种量

盘育苗育 2.5 叶龄的苗时，每盘播催芽湿种 120g；育 3.5 叶龄的苗时，播催芽湿种 80g；育 4.5 叶龄的苗时，播催芽湿种 60g。旱育苗每平方米播催芽湿种 150~200g；抛秧盘苗每孔播 2~3 粒。播种前浇 1 遍透水，再把种子均匀撒在盘或床面上。播完种的盘育苗放在苗床后应把盘底的加强筋压入土中，抛秧盘育苗盘的一半压入床面，苗盘摆完后盘的四边用土封闭，以免透风干燥。

5. 覆土

盘育苗和抛秧盘，覆土后与盘的上边齐平。旱育苗的覆土应当细碎，这是出苗好坏最关键的技术环节。先覆土 0.5 cm 使看不到种子为止，然后用细眼喷壶浇 1 遍水，覆土薄的地方露籽时，给露籽的地方补土，然后再覆土 0.5 cm 刮平，最后用除草剂封闭。有些农户播种后用锹等工具把种子压入苗床后直接盖沙。这种办法，一方面因压种子时如果不细，没有压入土中的种子就不出苗，出现秃床苗；另一方面直接盖沙土后除草剂封闭，因沙子不能吸附药液，浇水时药液就直接接触到种子，加重药害的发生。所以，把种子压入土中后，必须盖 1 层 0.5 cm 的土，以看不到种子为准，之后再盖沙子。

6. 盖膜

小拱棚育苗最好采用开闭式的方法，苗床做成 2 m 宽，实际播种宽为 1.8 m，竹条长度 2.4 m，每 0.5 m 插竹条，竹条高度为 0.4 m，用绳把竹条连接固定。盖塑料薄膜后，用绳把每个竹条的空固定，防止大风掀开塑料薄膜。

大棚育苗的育苗设施，采用钢架式结构，标准大棚的长度是 63.63 m、宽 5.4 m、高 2.7 m，每 0.5 m 插一骨架（钢管），两边围裙高 1.65 m，钢管与钢管之间用横向钢管固定，两面留有门。用 3 幅塑料膜覆盖，顶棚用 1 幅膜盖到边围裙下 0.2 m，两边围裙各盖 1 幅膜到顶棚膜上 0.2 m，每个钢架中间用绳等物固定塑料膜。

中棚育苗是农户创造的介于小棚和大棚的中间型，生产上使用的中棚有很多方式，但大部分中棚的高度不足，影响作业质量。因此，中棚的高度应该高于作业者的身高，其他方法参考大棚育苗盖膜方法。

（五）苗期管理

1. 温度管理

出苗至 2.5 叶龄前，棚内温度控制在 30℃以下；秧苗长到 2.5 叶龄后，开始将棚内温度控制在25℃以下。

水稻的生长过程中，一般高温长叶，低温长根。因此，在温度管理上应坚持促根生长的措施，严格控制温度。据观察，育苗期间，晴天气温与棚内温度处于加倍的关系（如气温15℃时棚内温度就可能达到30℃以上），所以，可以利用这个规律，当天的气温15℃以上时，就应进行小口通风，随温度的升高逐步扩大通风口。

2. 水分管理

育苗过程中水分管理是最重要的技术，每次浇水少而过勤就会影响苗床的温度，而且容易造成秧苗徒长，影响根系发育，所以育苗期间尽可能少浇水。浇水的标准是早晨太阳出来前，如果稻叶尖上有大的水珠（这个水珠不是露水珠，而是水稻自身生理作用吐出来的水）时，不应浇水，没有这个水珠就应当利用早晚时间浇1次透水。但是，抛秧盘育苗的浇水，大通风开始后，一般很难参考这个标准，应根据实际情况浇水。

3. 壮秧标准

壮秧是水稻高产的基础，俗话说“秧好半年粮”。一般来讲，不同地区，不同栽培制度，不同育苗方式，不同熟期的品种等，应具有不同的壮秧标准。尽管壮秧标准不同，但基本要求是一致的，即移栽后发根快而多，返青早，抗逆性强，分蘖力强，易早生快发。综合起来就是生活力强，生产力高。这样的秧苗才是壮秧。

从外观讲，壮秧具备以下特征：根系好，同根节位根数足，须根和根毛多，根色正，白根多，无黑灰根；地上假茎扁粗壮，中茎短，颈基部宽厚；秧苗叶片挺拔硬朗，长短适中，不弯不披；秧苗高矮一致，均匀整齐；同伸分蘖早发，潜在分蘖芽发育好，干重高，充实度好，移栽后返青快、分蘖早；无病虫害，不携带虫瘿、虫卵和幼虫，不夹带杂草。

培育水稻壮苗需要抓住以下几个时期：第1个时期是促进种子长粗根、长长根、须根多、根毛多，吸收更多的养分，为壮苗打基础。此期一般不浇水，过湿处需要散墒、过干处需要喷补水，顶盖处敲落、露籽处需要覆土补水。温度以保温为主，保持在32℃以下，最适温度为25~28℃，最低不得低于10℃。20%~30%的苗第1叶露尖及时撤去地膜。第2个时期为管理的重点时期，地上部管理是控制第1叶叶鞘高度不超过3 cm，地下部促发叶鞘节根系的生长。此期温度不超过28℃，适宜温度为22~25℃，最低不得低于10℃。水分管理应做到，床土过干处，适量喷浇补水，一般保持干旱状态。第3个时期，重点是控制地上部1~2叶叶耳间距和2~3叶叶耳间距各1 cm左右；地下部促发不完全叶节根健壮生长。因此，需要进一步做好调温、控水和灭草、防病，以肥调匀秧苗长势等管理工作。温度管理，2~3叶期，最高温度25℃，适宜温度2叶期22~24℃，3叶期20~22℃；最低温度不得低于10℃，特别是2.5叶期温度不得超过25℃，以免出现早穗现象。水分管理要“三看管理”；一看早、晚叶尖有无水珠；二看午间高温时新叶展开叶片是否卷曲；三看床土表面是否发白和根系生长状况，如果早晚不吐水、午间新叶展开叶片卷曲、床土表面发白，宜早晨浇水并 1 次浇足。1.5 叶和 2.5 叶时各浇 1 次 pH 值 4~4.5 的酸水，1.5 叶前施药灭草，2.5 叶酌情施肥。第 4 个时期，在插秧移栽前 3~4 d 开始，在不是秧苗萎蔫的前提下，不浇水，进行蹲苗壮根，以利于移栽后返青快、分蘖早。在移栽前 1 d，做好秧苗“三带”，即一带肥（每平方米施磷酸二铵 120~150g）；二带药，预防潜叶蝇；三带增产菌等，进行壮苗促蘖。

二、小麦生产技术

（一）品种选择与种子处理

1. 种子精选

在选用优良品种的前提下，种子质量的好坏直接关系到出苗与生长整齐度，以及病虫草害的传播蔓延等问题，对产量有很大影响。实施大面积小麦生产，必须保证种子的饱满度好、均匀度高，这就要求必须对播种的种子进行精选。精选种子一般应从种子田开始。

建立种子田。种子田就是良种供应繁殖田。良种繁殖田所用的种子必须是经过提纯复壮的原种，使其保持良种的优良种性，包括良种的特征特性、抗逆能力和丰产性等。种子田收获前还应进行严格的去杂去劣，保证种子的纯度。

精选种子。对种子田收获的种子要进行严格的精选。目前，精选种子主要是通过风选、筛选、泥水选种、精选机械选种等方法，通过种子精选可以清除杂质、瘪粒、不完全粒、病粒及杂草种子，以保证种子的粒大、饱满、整齐，提高种子发芽率、发芽势和田间成苗率，有利于培育壮苗。

2. 种子处理

小麦播种前为了促使种子发芽出苗整齐、早发快长以及防治病虫害，还要进行种子处理。种子处理包括播前晒种、药剂拌种和种子包衣等。

播前晒种。晒种一般在播种前 2~3 d，选晴天晒 1~2 d。晒种可以促进种子的呼吸作用，提高种皮的通透性，加速种子的生理成熟过程，打破种子的休眠期，提高种子的发芽率和发芽势，消灭种子携带的病菌，使种子出苗整齐。

药剂拌种。药剂拌种是防治病虫害的主要措施之一。生产上常用的小麦拌种剂有 50%辛硫磷，使用量为每 10 kg 种子 20mL；2%立克锈，使用量为每 10 kg 种子 10~20g；15%三唑酮，使用量为每 10 kg 种子 20g。可防治地下害虫和小麦病害。

种子包衣。把杀虫剂、杀菌剂、微肥、植物生长调节剂等通过科学配方复配，加入适量溶剂制成糊状，然后利用机械均匀搅拌后涂在种子上，称为包衣。包衣后的种子晾干后即可播种。使用包衣种子省时、省工、成本低、成苗率高，有利于培育壮苗，增产比较显著。一般可直接从市场购买包衣种子。生产规模和用种较大的农场也可自己包衣，可用2.5%适乐时做小麦种子包衣的药剂，使用量为每10 kg种子拌药10~20mL。

（二）水肥运筹与基肥施用

1. 小麦的需水规律

小麦的需水规律与气候条件、冬麦和春麦类型、栽培管理水平及产量高低有密切关系。其特点表现在阶段总耗水量、日耗水量（耗水强度）及耗水模系数（各生育时期耗水占总耗水量的百分数）方面。冬小麦出苗后，随着气温降低，日耗水量也逐渐下降，播种至越冬，耗水量占全生育期的15%左右。入冬后，生理活动缓慢、气温降低，耗水量进一步减少，越冬至返青阶段耗水量只占总耗水量的6%~8%，耗水强度在10 $m^3/(hm^2 \cdot d)$左右，黄河以北地区更低。返青以后，随着气温的升高，小麦生长发育加快，耗水量随之增加，耗水强度可达20 $m^3/(hm^2 \cdot d)$。小麦拔节以前温度低，植株小，耗水量少，耗水强度在10~20 $m^3/(hm^2 \cdot d)$，棵间蒸发占总耗水量的30%~60%，150余天的生育期内（占全生育期的2/3左右），耗水量只占全生育期的30%~40%。拔节以后，小麦进入旺盛生长期，耗水量急剧增加，并由棵间蒸发转为植株蒸腾为主，植株蒸腾占总耗水量的90%以上，耗水强度达40 $m^3/(hm^2 \cdot d)$以上，拔节到抽穗1个月左右时间内，耗水量占全生育期的25%~30%，抽穗前后，小麦茎叶迅速伸展，绿色面积和耗水强度均达一生最大值，一般耗水强度45 $m^3/(hm^2 \cdot d)$以上，抽穗至成熟在35~40 d内，耗水量占全生育期的35%~40%。春小麦一生耗水特点与冬小麦基本相同，春小麦在拔节前50~70 d内（占全生育期的40%~50%），耗水量仅占全生育期的22%~25%，拔节至抽穗20 d耗水量占25%~29%，抽穗至成熟的40~50 d内耗水量约占50%。

2. 小麦生产中基肥的施用

在研究和掌握小麦需肥规律和施肥量与产量关系的基础上，依据当地的气候、土壤、品种、栽培措施等实际情况，确定小麦肥料的运筹技术，提高肥料利用效率。根据肥料施用的时间和目的不同，可将小麦肥料划分为基肥（底肥）和追肥。基肥可以提供小麦整个生育期对养分的需要，对于促进麦苗早发、冬前培育壮苗、增加有效分蘖和壮秆大穗具有重要的作用。基肥的种类、数量和施用方法直接影响基肥的肥效。

3. 基肥的种类与施用量

基肥的种类。基肥以有机肥、磷肥、钾肥和微肥为主，速效氮肥为辅。有机肥具有肥源广、成本低、养分全、肥效缓、有机质含量高、能改良土壤理化特性等优点，对各类土壤和不同作物都有良好的增产作用。因此，在施用基肥时应坚持增施有机肥，并与化肥搭配使用。

基肥的用量。基肥使用量要根据土壤基础肥力和产量水平而定。一般麦田每亩施优质有机肥5000 kg以上，纯氮（N）9~11 kg（折合尿素20~25 kg），磷（P_2O_5）6~8 kg（折合过磷酸钙50~60 kg或磷酸二铵20~22 kg），钾（K_2O）9~11 kg（折合氯化钾18~22.5 kg），硫酸锌1~1.5 kg（隔年施用），推广应用腐殖酸生态肥和有机无机复合肥，或每亩施三元复合肥50 kg。大量小麦肥料试验证明，土壤基础肥力较低和中低产水平的麦田，要适当加大基肥使用量，速效氮肥作基肥与追肥用量之比以7∶3为宜；土壤基础肥力较高和高产水平的麦田，要适当减少基肥使用量，速效氮肥的基肥与追肥用量之比以6∶4（或5∶5）为宜。

4. 小麦生产的基肥施用技术

小麦基肥施用技术有将基肥撒施于地表面后立即耕翻和将基肥施于垄沟内边施肥边耕翻等方法。对于土壤质地偏黏，保肥性能强，又无灌水条件的麦田，可将全部肥料一次施作基肥，俗称“一炮轰”。具体方法是，把全量的有机肥，2/3氮、磷、钾化肥撒施地表后，立即深耕，耕后将余下的肥料撒到垄头上，再随即耙入土中。对于保肥性能差的沙土或水浇地，可采用重施基肥、巧施追肥的分次施肥方法。即把2/3的氮肥和全部的磷钾肥、有机肥作为基肥，其余氮肥作为追肥。微肥可作基肥，也可拌种。作基肥时，由于用量少，很难撒施均匀，可将其与细土掺和后撒施于地表，随耕入土。用锌、锰肥拌种时，每kg种子用硫酸锌2~6g、硫酸锰0.5~1g，拌种后随即播种。

（三）小麦苗期的田间管理

查苗补苗，疏苗补缺，破除板结小麦。齐苗后要及时查苗，如有缺苗断垄，应催芽补种或疏密补缺，出苗前遇雨应及时松土破除板结。

灌冬水。越冬前灌水是北方冬麦区水分管理的重要措施，保护麦苗安全越冬，并为早春小麦生长创造良好的条件。浇水时间在日平均气温稳定在3~4℃时，水分夜冻昼消利于下渗，防止积水结冰，造成窒息死苗，如果土壤含水量高而麦苗弱小可以不浇。

耙压保墒防寒。北方广大丘陵旱地麦田，在小麦入冬停止生长前及时进行耙压覆沟（播种沟），壅土盖蘖保根，结合镇压，以利于安全越冬，水浇地如果地面有裂缝，造成失墒严重时，越冬期间需适时耙压。

返青管理。北方麦区返青时须顶凌耙压，起到保墒与促进麦苗早发稳长的目的。一般已浇越冬水的麦田或土壤墒情好的麦田，不宜浇返青水，待墒情适宜时锄划；缺肥黄苗田可趁春季解冻“返浆”之机开沟追肥；旱年、底墒不足的麦田可浇返青水。

异常苗情的管理。异常苗情，一般指僵苗、小老苗、黄苗、旺苗。僵苗指生长停滞，长期停留在某一个叶龄期，不分蘖，不发根。小老苗指生长出一定数量的叶片和分蘖后，生长缓慢，叶片短小，分蘖同伸关系被破坏。形成以上两种麦苗的原因是：土壤板结，透气不良，土层薄，肥力差或磷、钾养分严重缺乏，可采取疏松表土，破除板结，结合灌水，开沟补施磷、钾肥。对生长过旺麦苗及早镇压，控制水肥，对地力差，由于早播形成的旺苗，要加强管理，防止早衰。因欠墒或缺肥造成的黄苗，酌情补肥水。

（四）小麦中期的田间管理

起身期。小麦基部节间开始伸长，麦苗由匍匐转为直立，故称为起身期。起身后生长加速，而此时北方正值早春，是风大、蒸发量大的缺水季节，水分调控显得十分重要。若水分管理适宜可提高分蘖成穗和穗层整齐度，促进 3、4、5 节伸长，促使腰叶、旗叶与倒 2 叶的增大，还可提高穗粒数。对群体较小、苗弱的麦田，要适当提早施起身肥、浇起身水，提高成穗率；但对旺苗、群体过大的麦田，要控制肥水，在第 1 节刚露出地面 1 cm 时进行镇压，深中耕切断浮根，也可喷洒多效唑或壮丰胺等生长延缓剂，这些措施可以促进分蘖两极分化，改善群体下部透光条件，防止过早封垄而发生倒伏；对一般生长水平的麦田，在起身期浇水施肥，追氮肥施入总量的 1/3~1/2；旱地在麦田起身期要进行中耕除草、防旱保墒。

拔节期。此期结实器官加速分化，茎节加速生长，要因苗管理。在起身期追过水肥的麦田，只要生长正常，拔节水肥可适当偏晚，在第 1 节定长第 2 节伸长的时期进行；对旺苗及壮苗也要推迟拔节水肥；对弱苗及中等麦田，应适时施用拔节水肥，促进弱苗转化；旱地的拔节前后正是小麦红蜘蛛为害高峰期，要及时防治，同时要做好吸浆虫的掏土检查与预防工作。

孕穗期。小麦旗叶抽出后就进入孕穗期，此期是小麦一生叶面积最大、幼穗处于四分体分化、小花向两极分化的需水临界期，又正值温度骤然升高、空气十分干燥，土壤水分处于亏缺期（旱地）。此时水分需求量不仅大，而且要求及时，生产上往往由于延误浇水，造成较明显的减产。因此，旺苗田、高产壮苗田，以及独秆栽培的麦田，要在孕穗前及时浇水。在孕穗期追肥，要因苗而异，起身拔节已追肥的可不施，麦叶发黄、氮素不足及株型矮小的麦田可适量追施氮肥。

（五）小麦后期的田间管理

浇好灌浆水。抽穗至成熟耗水量占总耗水量的 1/3 以上，每公顷日耗水量达 35 m^3 左右。经测定，在抽穗期，土壤（黏土）含水量为17.4%的比含水量为15.8%的旗叶光合强度高28.7%。在灌浆期，土壤含水量为18%的比含水量为10%的光合强度高6倍；茎秆含水量降至60%以下时灌浆速度非常缓慢；籽粒含水量降至35%以下时灌浆停止。因此，应在开花后15 d左右即灌浆高峰前及时浇好灌浆水，同时注意掌握灌水时间和灌水量，以防倒伏。

叶面喷肥。小麦生长的后期仍需保持一定营养供应水平，延长叶片功能与根系活力。如果脱肥会引起早衰，造成灌浆强度提早下降，后期氮素过多，碳氮比例失调，易贪青晚熟，叶病与蚜虫为害也较严重。对抽穗期叶色转淡，氮、磷、钾肥供应不足的麦田，用2%~3%尿素溶液，或用0.3%~0.4%磷酸二氢钾溶液，每公顷使用750~900L进行叶面喷施，可增加千粒重。

防治病虫为害。后期白粉病、锈病、蚜虫、黏虫、吸浆虫等都是导致粒重下降的重要因素，应及时进行防治。

第二节 高粱与谷子种植

一、高粱生产技术

高粱又名蜀黍、芦粟、秫秫，是居水稻、玉米、小麦、大麦后的世界第五大谷类作物，也是中国最早栽培的禾谷类作物之一。

（一）选地、选茬、整地及选种

1. 选地

高粱具有抗旱、耐涝、耐盐碱、耐瘠薄、适应性广等特点，对土壤的要求不太严格，在沙土、壤土、沙壤土、黑钙土上均能良好生长。但是，为了获得产量高、品质好的种子，高粱种子种植田应设在最好田块上，要求地势平坦、阳光充足、土壤肥沃、杂草少、排水良好、有灌溉条件。

2. 选茬

轮作倒茬是高粱增产的主要措施之一。高粱种植忌连作，连作一是造成严重减产，二是病虫害发生严重。高粱植株生长高大，根系发达，入土深，吸肥力强，一生从土壤中吸收大量的水分和养分，因此，合理的轮作方式是高粱增产的关键，最好前茬是豆科作物。

一般轮作方式为：大豆—高粱—玉米—小麦或玉米—高粱—小麦—大豆。

3. **整地**

为保证高粱全苗、壮苗，在播种前必须在秋季前茬作物收获后抓紧进行整地作垄，以利于蓄水保墒，延长土壤熟化时间，达到春墒秋保、春苗秋抓的目的。结合施有机肥，耕翻、耙压，要求耕翻深度在20~25 cm，有利于根深叶茂、植株健壮，获得高产。在秋翻整地后必须进行秋起垄，垄距以55~60 cm为宜，早春化冻后，及时进行1次耙、压、耕相结合的保墒措施。

4. **选种**

品种选择是高粱增产的重要环节之一，要因地制宜选择适宜当地种植的高产、抗性强的高粱杂交新品种作为生产用种。

（二）种子处理

播前种子处理是提高种子质量、确保全苗、壮苗的重要环节。

1. **发芽试验**

掌握适宜播种量是确保全苗高产的关键。播种前要根据高粱种子的发芽率确定播种量，一般要求高粱杂交种发芽率达到85%~95%以上，根据种子不同的发芽率确定播种用量，如果发芽率达不到标准要加大播种量。

2. **选种、晒种**

播种前选种可将种子进行风选或筛选，淘汰小粒、瘪粒、病粒，选出大粒、籽粒饱满的种子作生产用种，并选择晴好的天气，晒种2~3 d，提高种子发芽势，播后出苗率高，发芽快，出苗整齐，幼苗生长健壮。

3. **药剂拌种**

在播种前进行药剂拌种，可用25%粉锈宁可湿性粉剂，按种子量的0.3%~0.5%拌种，防治黑穗病，也可用3%呋喃丹或5%甲拌磷，制成颗粒剂与播种同时施下，防治地下害虫。

（三）适时播种

高粱要适时早播、浅播，掌握好适宜的播种期及播种量是确保苗全、苗齐、苗壮的关键。影响高粱保苗的主要因素是温度和水分，高粱种子的最低发芽温度为7~8℃，种子萌动时不耐低温，如播种过早，易造成粉种或霉烂，还会造成黑穗病的发生，影响产量，因此要适时播种。

要依据土壤的温湿度、种植区域的气候条件以及品种特性选择播期。一般土壤 5 cm 内地温稳定在 12～13℃、土壤湿度在 16%～20%播种为宜（土壤含水量达到手攥成团、落地散开时可以播种）。

（四）播种方法

采用机械播种，速度快、质量好，可缩短播种期。机械播种作业时，开沟、播种、覆土、镇压等作业连续进行，有利于保墒。垄距 65～70 cm，垄上双行，垄上行距 10～12 cm（收草用饲用高粱可适当缩减行距），播种深度一般为 3～4 cm。土壤墒情适宜的地块要随播随镇压，土壤黏重地块则在播种后镇压。

除机械播种外，采用三犁川坐水种，三犁川的第 1 犁深蹚原垄垄沟，把氮、钾肥深施在底层，磷肥施在上层。第 2 犁深破原垄，拿好新垄。4h 后压好磙子保墒，以备第 3 犁播种用。第 3 犁首先耙开垄台，浇足量水用手工点播已催芽种子，防止伤芽。点播后覆土，覆土厚度要求 4 cm 以下，过 6h 用镇压器压好保墒，采用这种方法播种的种子出苗快，齐而壮，7 d 可出全苗，避免因低温造成粉种。硬茬可采取坐水催芽扣种的办法。

（五）合理密植

合理密植能提高土地及光能的利用率，按大穗宜稀、小穗宜密的原则，一般保苗数为 10.5 万～12.0 万株/h m^2。高粱种子千粒重 20g 左右，1 kg 种子 5 万粒左右，按成苗率 65%计算，加上播种、机械、农田作业等对苗的损害，最佳播种量为 10.5 kg/h m^2。另外，如果以生产饲草为主的饲用高粱，可采取条播方式，适宜播量为 40.5 kg/h m^2，适宜播深 2～3 cm，播后及时镇压。

（六）间苗定苗

高粱出苗后展开 3～4 片叶时进行间苗，5～6 片叶时定苗。间苗时间早可以避免幼苗互相争养分和水分，减少地力消耗，有利于培育壮苗；间苗时间过晚，苗大根多，容易伤根或拔断苗。低洼地、盐碱地和地下害虫严重的地块，可采取早间苗、晚定苗的办法，以免造成缺苗。

（七）中耕除草

中耕除草分人工除草和化学除草。高粱在苗期一般进行 2 次铲蹚。第 1 次可在出苗后结合定苗时进行，浅铲细铲，深蹚至犁底层不带土，以免压苗，并使垄沟内土层疏松；在拔节前进行第 2 次中耕，此时根尚未伸出行间，可以进行深铲，松土，做到压草不压苗；拔节到抽穗阶段，可结合追肥、灌水进行 1~2 次中耕。

化学除草要在播后 3 d 进行，用莠去津 3.0~3.5 kg/h m^2 兑水 400~500 kg/h m^2 喷施，如果天气干旱，要在喷药 2 d 内喷 1 次清水，同时喷湿地面提高灭草功能；当苗高 3 cm 时喷 2，4-滴丁酯 0.75 kg/h m^2，具体除草剂用量和方法可参照药剂说明使用，但只能用在阔叶杂草草害严重的地块，对于针叶草应进行人工除草。经除草、培土，可防止植株倒伏，促进根系的形成。

（八）追肥

高粱拔节以后，由于营养器官与生殖器官旺盛生长，植株吸收的养分数量急剧增加，是整个生育期间吸肥量最多的时期，其中幼穗分化前期吸收的量多而快。因此，改善拔节期营养状况十分重要。一般结合最后 1 次中耕进行追肥封垄，每公顷追施尿素 200 kg，覆土要严实，防止肥料流失。在追肥数量有限时，应重点放在拔节期 1 次施入。在生育期长或后期易脱肥的地块，应分 2 次追肥，并掌握前重后轻的原则。

（九）灌溉与排涝

高粱苗期需水量少，一般适当干旱有利于蹲苗，除长期干旱外一般不需要灌水。拔节期需水量迅速增多，当土壤湿度低于田间持水量的 75%时，应及时灌溉。孕穗、抽穗期是高粱需水最敏感的时期，如遇干旱应及时灌溉，以免造成“卡脖旱”影响幼穗发育。

高粱虽然有耐涝的特点，但长期受涝会影响其正常生育，容易引起根系腐烂，茎叶早衰。因此，在低洼易涝地区，必须做好排水防涝工作，以保证高产稳产。

二、谷子生产技术

（一）轮作倒茬

谷子忌连作，连作一是病害严重，二是杂草多，三是大量消耗土壤中同一营养要素，造成“歇地”，致使土壤养分失调。因此，必须进行合理轮作倒茬，才能充分利用土壤中的养分，减少病虫杂草的为害，提高谷子单位面积产量。

谷子对前作无严格要求，但谷子较为适宜的前茬以豆类、油菜、绿肥作物、玉米、高粱、小麦等作物为好。谷子要求 3 年以上的轮作。

（二）精细整地

1. 秋季整地

秋收后封冻前灭茬耕翻，秋季深耕可以熟化土壤，改良土壤结构，增强保水能力；加深耕层，利于谷子根系下扎，扩大根系数量和吸收范围，增强根系吸收肥水能力，使植株生长健壮，从而提高产量。耕翻深度 20~25 cm，要求深浅一致、不漏耕。结合秋深耕最好一次施入基肥。耕翻后及时耙耕保墒，减少土壤水分散失。

2. 春季整地

春季土壤解冻前进行“三九”滚地，当地表土壤昼夜化冻时，要顶浆耕翻，并做到翻、耙、压等作业环节紧密结合，消灭坷垃，碎土保墒，使耕层土壤达到疏松、上平下碎的状态。

（三）合理施肥

增施有机肥可以改良土壤结构，培肥地力，进而提高谷子产量。有机肥作基肥，应在上年秋深耕时 1 次性施入，有机肥施用量一般为 15 000~30 000 kg/h m^2，并混施过磷酸钙 600~750 kg/h m^2。以有机肥为主，做到化肥与有机肥配合施用，有机氮与无机氮之比以 1：1为宜。

基肥以施用农家肥为主时，高产田以 7.5 万~11.2 万 kg/h m^2 为宜，中产田 2.2 万~6.0 万 kg/h m^2。如将磷肥与农家肥混合进制作基肥效果最好。

种肥在谷子生产中已作为一项重要的增产措施而广泛使用。氮肥作种肥，一般可增产 10%左右，但用量不宜过多。以硫酸铵作种肥时，用量以 37.5 kg/h m^2 为宜，尿素以 11.3~15.0 kg/h m^2 为宜。此外，农家肥和磷肥作种肥也有增产效果。

追肥增产作用最大的时期是抽穗前 15~20 d 的孕穗阶段，一般以纯氮 75 kg/h m^2 左右为宜。氮肥较多时，分别在拔节始期追施“坐胎肥”，孕穗期追施“攻粒肥”。最迟在抽穗前 10 d 施入，以免贪青晚熟。在谷子生育后期，叶面喷施磷肥和微量元素肥料，也可以促进开花结实和籽粒灌浆。

（四）田间管理

1. 保全苗

播前做好整地保墒，播后适时镇压增加土壤表层含水量，利于种子发芽和出苗。发现缺苗断垄可补种或移栽，一般在出苗后 2~3 片叶时进行查苗补种。以 3~4 片叶时为间苗适期，通过间苗，去除病、弱和拥挤丛生苗。早间苗防苗荒，利于培育壮苗，根系发达，植株健壮，是后期壮株、大穗的基础，是谷子增产的重要措施，一般可增产10%以上。谷子6~7片叶时结合留苗密度进行定苗，留1茬拐子苗（三角形留苗），定苗时要拔除弱苗和枯心苗。

2. 蹲苗促壮

谷苗呈猫耳状时，在中午前后用磙子顺垄压2~3遍，有提墒防旱壮苗的作用。在肥水条件好、幼苗生长旺的田块，应及时进行蹲苗。蹲苗的方法主要在2~3片叶时镇压、控制肥水及多次深中耕等，实现控上促下，培育壮苗。一般幼穗分化开始，蹲苗应该结束。

3. 中耕除草

谷子的中耕管理大多在幼苗期、拔节期和孕穗期进行，一般进行3次。第1次中耕在苗期结合间定苗进行，兼有松土和除草双重作用。中耕掌握浅锄、细碎土块、清除杂草的技术。第2次中耕在拔节期（11~13片叶）进行，此次中耕前应进行1次清垄，将垄眼上的杂草、谷莠子、杂株、残株、病株、虫株、弱小株及过多的分蘖，彻底拔出。有灌溉条件的地方应结合追肥灌水进行，中耕要深，一般深度要求7~10 cm，同时进行少量培土。第3次中耕在孕穗期（封行前）进行，中耕深度一般以4~5 cm为宜，结合追肥灌水进行。这次中耕除松土、清除杂草和病苗弱苗外，同时进行高培土，以促进植株基部茎气生根的发生，防止倒伏。

中耕要做到“头遍浅，二遍深，三遍不伤根”。

4. 灌溉排水

谷子一生对水分需求可概括为苗期宜旱、需水较少，中期喜湿需水量较大，后期需水相对减少但怕旱。

谷子苗期除特殊干旱外，一般不宜浇水。

谷子拔节至抽穗期是一生中需水量最大、最迫切的时期。需水量为244.3 m m，占总需水量的54.9%。该阶段干旱可浇1次水，保证抽穗整齐，防止“胎里旱”和“卡脖旱”造成谷穗变小，形成秃尖瞎码。

谷子灌浆期处于生殖生长期，植株体内养分向籽粒运转，仍然需要充足的水分供应。需水量为112.9 m m，占总需水量的25.4%。灌浆期如遇干旱，即“秋吊”，浇水可防止早衰，但应进行轻浇或隔行浇，不要淹漫灌，低温时不浇，以免降低地温，影响灌浆成熟。风天不浇，防止倒伏。

灌浆期雨涝或大水淹灌，要防止田间积水，应及时排除积水，改善土壤通气条件，促进灌浆成熟。

第三节　马铃薯、玉米与大豆种植

一、马铃薯生产技术

（一）选用优良品种和高质量的脱毒种薯

根据二季作区的气候特点，应选用结薯早、块茎膨大快、休眠期短、高产、优质、抗病、适应市场需求的早熟品种，如费乌瑞它（荷兰15、鲁引1号、荷兰七）等。

马铃薯种薯对马铃薯产量的贡献率可达60%左右。

脱毒种薯出苗早、植株健壮、叶片肥大、根系发达、抗逆性强、增产潜力大。2代、3代的脱毒种薯在产量及抗逆性上均表现最好。

马铃薯是无性繁殖作物，在挑选种薯时应剔除病薯、烂薯、畸形薯。

（二）精耕细作

选择土壤肥沃、地势平坦、排灌方便、耕作层深厚、土质疏松的沙壤土或壤土。前茬避免黄姜、大白菜、茄科等作物，以减轻病害的发生。

前茬作物收获后，及时清洁田园，将病叶、病株带离田间处理，冬前深耕25~30 cm左右，使土壤冻垡、风化，以接纳雨雪，冻死越冬害虫。

立春前后播种时及早耕耙，达到耕层细碎无坷垃、田面平整无根茬，做到上平下实。

（三）催芽播种，保证全苗

播种前30~35 d切块后催芽。

催芽前将种薯置于温暖有阳光的地方晒种2~3 d，同时，剔除病薯、烂薯。

切块时充分利用顶端优势。先将种薯脐部切掉不用，带顶芽50g以下的种薯，可自顶部纵切为二；50g以上的大薯，应自基部顺螺旋状芽眼向顶部切块，到顶部时，纵切3~4块，可与基部切块分开存放，分开催芽、播种，可保证出苗整齐。

晾干刀口后放在温度为18~20℃的阳畦内采用层积法催芽，也可放在温暖地方催芽。

待芽长到2 cm左右时，放在散射光下晾晒，芽绿化变粗后即可播种。

（四）适期播种

马铃薯播种时应做到适期播种，使薯块膨大期处在气候最适合的时间段，以获取最大产量。

（五）宽行大垄栽培

第一，实行健康栽培，改善通风状况。第二，宽行大垄栽培：一垄双行，垄距由原来的 70 cm 加宽到 75~80 cm，667m^2 定植 5000~5500 株；一垄单行，垄距由原来的 60 cm 加宽到 70 cm，667 m^2 定植 4500~5000 株。第三，大垄栽培：培大垄，减少青头，增加产量。

（六）测土配方，均衡营养

第一，过多施用化肥造成成本增加、土壤板结、次生盐渍化、污染环境、品质下降。第二，测土配方施肥是在土壤营养状况、目标产量、马铃薯需肥特性基础上提出来的。第三，测土配方施肥重施有机肥，培肥地力，增施钾肥，提高产量，氮磷钾配合、补施微肥，提高品质。第四，中等地力水平、667 m^2 产 4000 kg 马铃薯地块，需 667 m^2 施商品有机肥 200 kg、氮磷钾复合肥（15∶10∶20 或 15∶12∶18）150 kg、硫酸锌 1.2 kg、硼酸 1 kg。

（七）加强田间管理

及时破膜。播种后 20~25 d 马铃薯苗陆续顶膜，应在晴天下午及时破孔放苗，并用细土将破膜孔掩盖。防止苗受热害。

加强拱棚温度管理。拱棚内保持白天 20~26℃，夜间 12~14℃。经常擦拭农膜，保持最大进光量。随外界温度的升高，逐步加大通风量，当外界最低气温在 10℃ 以上时可撤膜，鲁南地区可在 4 月中旬左右。早期温度低，以提高地温为主。通风的时间长短、通风口的大小由棚内温度决定。

三膜覆盖中内二膜出苗前不必揭开。出苗后应早揭、晚盖。只要外界最低气温在 0℃ 以上夜间就可以不盖。

适当浇水。马铃薯的灌溉应是在整个生育期间，均匀而充足地供给水分，使土壤耕作层始终保持湿润状态。掌握小水勤灌的原则，切忌不宜大水漫灌过垄面，以免造成土壤板结，影响产量。

要注意的是：首先，要做好大棚管理，包括温度控制、通风管理、光照管理；其次，塑料中拱棚双膜覆盖栽培的特殊管理；最后，塑料小拱棚栽培的特殊管理。

第一，温度控制。播种后出苗前大棚的主要管理措施都是围绕着提高棚内气温和地温而进行的，可以说这段时间内大棚内的气温能够达到多高就让它达到多高。有条件的情况下，白天温度不要低于 30℃，夜间不要低于 20℃。有的地区为了提高保温效果，把大棚周围的薄膜做成夹层，即在大棚四周的里层（约 1.5 m 高）另外附 1 层旧塑料薄膜，在夹层之间填充适量麦糠。出苗前一般情况下不必进行通风，也不必揭开里面的小拱棚。当出全苗以后，就应该适当降低大棚内的温度。白天保持在 28~30℃，夜间保持在 15~18℃，此外，白天只要外界气温不是太低，都应该及时把棚内的小拱棚揭开，以使植株接受更多的光照。如果夜间外界气温低于-9℃时，就应适当增加保温措施。例如，在大棚四周围 1 圈草苫进行保温。

第二，通风管理。通风的目的有两个：一是降低棚内的空气湿度，以减少病害发生；二是降低棚内温度。如果棚内潮湿，早晨棚内雾气腾腾的话，就应马上进行通风，浇水后也要进行通风。如果白天棚内温度达到 30℃以上，也要进行通风。生产中要特别注意两个极端：其一是不敢通风，生怕棚内温度低影响生长，结果导致植株徒长，同时，引发病害尤其是晚疫病的产生；其二是通风过大，影响植株生长。

第三，光照管理。由于薄膜的覆盖遮光，所以，大棚内光照条件远比露地差，因此，应尽量增加棚内光照。具体做法是，出苗后白天把小拱棚掀开，晚上覆盖，即便是阴雨天气也要掀开小拱棚。此外，应始终保持薄膜清洁。

塑料中拱棚双膜覆盖栽培的特殊管理：中拱棚是介于大棚与小棚中间的一种棚型，高度一般在 1.5~1.8 m。中拱棚一般采用双膜覆盖栽培形式，即地膜和拱棚膜。由于覆盖物减少，所以，播种时间晚于大棚三膜覆盖栽培的。一般每棚栽培 4~6 垄。

催芽播种时间根据各地气候情况，中拱棚覆盖栽培的播种时间一般在 2 月初至 2 月中旬。催芽时间可向前推算 20~30 d，根据催芽环境条件决定。催芽方法、栽培管理技术措施与大棚栽培相同。

塑料小拱棚栽培的特殊管理：塑料小拱棚覆盖栽培也是采用地膜覆盖和拱棚覆盖栽培形式。不同的是，由于棚体较小，所以，一般每棚栽植 2~3 垄马铃薯。小拱棚的播种时间一般在 2 月中旬，有的地区也可提早到 2 月上旬，胶东半岛可延迟至 2 月下旬。小拱棚的栽培管理技术也与大棚类似。

二、玉米生产技术

（一）玉米播种技术

1. 确定播种期

（1）具体要求

玉米的适宜播种期主要根据玉米的种植制度、温度、墒情和品种来决定。既要充分利用当地的气候资源，又要考虑前后茬作物的相互关系，为后茬作物增产创造较好条件。

（2）操作步骤

春玉米一般在5~10 cm地温稳定在10~12℃时即可播种，东北等春播地区可从8℃时开始播种。在无水浇条件的易旱地区，适当晚播可使抽雄前后的需水高峰赶上雨季，避免“卡脖旱”。

夏玉米在前茬收后及早播种，越早越好。套种玉米在留套种行较窄地区，一般在麦收前7~15 d套种或更晚些；套种行较宽的地区，可在麦收前30 d左右播种。

（3）相关知识

无论春玉米还是夏玉米，生产上都特别重视适期早播。适期早播可延长玉米的生育期，充分利用光热资源，积累更多的干物质，为穗大、粒多、粒重奠定物质基础。适期早播对夏玉米尤为重要，因其生育期短，早播可使其在低温、早霜来临前成熟。

春玉米适时早播，能在地下害虫为害之前出苗，到虫害严重时，苗已长大，抵抗力增强，能相对减轻虫害。适期早播还能减轻夏玉米的大、小叶斑病及春玉米黑粉病等的为害程度。

夏玉米早播可在雨季来临之前长成壮苗，避免发生“芽涝”，同时促进根系生长，使植株健壮。

2. ***选择种植方式***

（1）具体要求

采用适宜的种植方式，提高玉米增产潜能。

（2）操作步骤

等行距种植。种植行距相等，一般为60~70 cm，株距随密度而定。其特点是植株抽穗前，叶片、根系分布均匀，能充分利用养分和阳光。播种、定苗、中耕除草和施肥时便于操作，便于实行机械化作业。但在高肥水、高密度条件下，生育后期行间郁蔽，光照条件较差，群体个体矛盾尖锐，影响产量进一步提高。

宽窄行种植。也称为大小垄，行距一宽一窄，宽行为80~90 cm，窄行为40~50 cm，株距根据密度确定。其特点是植株在田间分布不均匀，生育前期对光能和地力利用较差，但能调节玉米后期个体与群体间的矛盾。在高密度、高肥水的条件下，由于大行加宽，有利于中后期通风透光，使“棒三叶”处于良好的光照条件之下，有利于干物质积累，产量较高。但在密度小，光照矛盾不突出的条件下，大小垄就无明显的增产效果，有时反而减产。

密植通透栽培模式。玉米密植通透栽培技术是应用优质、高产、抗逆、耐密优良品种，采用大垄宽窄行、比空、间作等种植方式，良种、良法结合，通过改善田间通风、透光条件，发挥边际效应，增加种植密度，提高玉米品质和产量的技术体系。通过耐密品种的应用，改变种植方式等，实现种植密度比原有栽培方式增加10%~15%，提高光能利用率。

单粒播种技术。也称为玉米精密播种技术，用专用的单粒播种机播种，每穴只点播1粒种子，具有节省种子、不需要间苗和定苗、经济效益好的优点。

玉米精密播种（单粒播种）技术适用于土壤条件好、种子纯度高、发芽率高、病虫害防治措施有保证的玉米地块。要求种子净度不低于99%、纯度不低于98%、发芽率保证达到95%、含水量低于13%。选定品种后，要对备用的种子进行严格检查，去掉伤、坏或不能发芽的种子以及一切杂质，基本保证种子几何形状一致。

3. 确定播种量

（1）具体要求

根据种子的具体情况和选用的播种方式确定播种量。

（2）操作步骤

种子粒大、种子发芽率低、密度大，条播时播种量宜大些；反之，播种量宜小些。一般条播播种量为45~60 kg/h m^2，点播播种量为30~45 kg/h m^2。

4. 种肥施用

（1）具体要求

种肥主要满足幼苗对养分的需要，保证幼苗健壮生长。在未施基肥或地力差时，种肥的增产作用更大。硝态氮肥和铵态氮肥容易为玉米根系吸收，并被土壤胶体吸附，适量的铵态氮对玉米无害。在玉米播种时配合施用磷肥和钾肥有明显的增产效果。

（2）操作步骤

种肥施用数量应根据土壤肥力、基肥用量而定。种肥宜穴施或条施，施用的化肥应通过土壤混合等措施与种子隔离，以免烧种。

（3）注意事项

磷酸二铵作种肥比较安全；碳酸氢铵、尿素作种肥时，要与种子保持10 cm以上距离。

5. 确定播种深度

（1）具体要求

玉米播深适宜且深浅一致。

（2）操作步骤

一般播深要求4~6 cm。土质黏重、墒情好时，可适当浅些；反之，可深些。玉米虽然耐深播，但最好不要超出10 cm。

(3) 相关知识

确定适宜的播种深度，是保证苗全、苗齐、苗壮的重要环节。适宜的播种深度依土质、墒情和种子大小而定。

6. **播后镇压**

(1) 具体要求

玉米播后要进行镇压，使种子与土壤密接，以利于种子吸水出苗。

(2) 操作步骤

用石头、重木或铁制的磙子于播种后进行。

(3) 注意事项

镇压要根据墒情而定。墒情一般时，播后可及时镇压；土壤湿度大时，待表土干后再进行镇压，以免造成土壤板结，影响出苗。

(二) 苗期田间管理

玉米田间管理是根据玉米生长发育规律，针对各个生育时期的特点，通过灌水、施肥、中耕、培土、防治病虫草害等，对玉米进行适当的促控，调整个体与群体、营养生长与生殖生长的矛盾，保证玉米健壮生长发育，从而达到高产、优质、高效的目标。

这一时期的主攻目标是培育壮苗，为穗期生长发育打好基础。

1. **查苗补苗**

(1) 具体要求

玉米出苗以后要及时查苗，发现苗数不足要及时补苗。

(2) 操作步骤

补苗的方法主要有两种：一是催芽补种，即提前浸种催芽、适时补种，补种时可视情况选用早熟品种；二是移苗补栽，在播种时行间多播一些预备苗，如缺苗时移苗补栽。移栽苗龄以 2~4 叶期为宜，最好比一般大苗多 1~2 叶。

(3) 相关知识

当玉米展开 3~4 片真叶时，在上胚轴地下茎节处，长出第 1 层次生根。4 叶期后补苗伤根过多，不利于幼苗存活和尽快缓苗。

(4) 注意事项

补栽宜在傍晚或阴天带土移栽，栽后浇水，以提高成活率。移栽苗要加强管理，以促苗齐壮，否则形成弱苗，影响产量。

2. 适时间苗、定苗

（1）具体要求

选留壮苗、大苗，去掉虫咬苗、病苗和弱苗。在同等情况下，选留叶片方向与垄的方向垂直的苗，以利于通风透光。

（2）操作步骤

春玉米一般在3叶期间苗，4~5叶期定苗。夏玉米生长较快，可在3~4叶期1次完成定苗。

（3）相关知识

适时间苗、定苗，可避免幼苗相互拥挤和遮光，并减少幼苗对水分和养分的竞争，达到苗匀、苗齐、苗壮。间苗过晚易形成“高脚苗”。

（4）注意事项

在春旱严重、虫害较重的地区，间苗可适当晚些。

3. 肥水管理

（1）具体要求

根据幼苗的长势，进行合理的肥料和水分管理。

（2）操作步骤

套种玉米、板茬播种而未施种肥的夏玉米于定苗后及时追施“提苗肥”。

（3）相关知识

玉米苗期对养分需要量少，在基肥和种肥充足、幼苗长势良好的情况下，苗期一般不再追肥。但对于套种玉米、板茬播种而未施种肥的夏玉米，应在定苗后及时追施“提苗肥”，以利于幼苗健壮生长。对于弱小苗和补种苗，应增施肥水，以保证拔节前达到生长整齐一致。正常年份玉米苗期一般不进行灌水。

4. 中耕除草

（1）具体要求

苗期中耕一般可进行2~3次。

（2）操作步骤

第1次宜浅，掌握3~5 cm，以松土为主；第2次在拔节前，可深至10 cm，并且要做到行间深、苗旁浅。

（3）相关知识

中耕是玉米苗期促下控上的主要措施。中耕可疏松土壤、流通空气、促进根系生长，而且还可消灭杂草、减少地力消耗、促进有机质的分解。对于春玉米，中耕还可提高地温、促进幼苗健壮生长。

化学除草已在玉米上广泛应用。我国不同玉米产区杂草群落不同，春、夏玉米田杂草种类也略有不同。春玉米以多年生杂草、越年生杂草和早春杂草为主，如田旋花、荠菜、藜、蓼等；夏玉米则以一年生禾本科杂草和晚春杂草为主，如稗草、马唐、狗尾草、异型莎草等。受杂草危害严重的时期是苗期，此期受害会导致植株矮小、秆细叶黄以及中后期生长不良。

目前，玉米田防除杂草的除草剂品种很多，可根据杂草种类、危害程度，结合当地气候、土壤和栽培制度，选用合适的除草剂品种。施药方式应以土壤处理为主。

（4）注意事项

中耕对作物生长的作用不仅仅为了除草，即便是化学除草效果很好的田块，为了疏松土壤、提高地温、促进根系发育仍要进行必要的中耕。

三、大豆生产技术

大豆是重要的经济作物。因受品种特性、气候条件等影响，加之管理粗放和病虫草危害，使得大豆产量低，效益差。提高种植技术来增产增收是大豆生产迫切需要解决的问题。

（一）种子选择与处理

选择良种。选择合适的大豆品种是获得优质高产的关键。应该根据本地的气候条件、土壤状况等自然条件选择适宜本地区种植的高产、抗病、抗逆性强的优良品种。对于新品种，不能一次大面积种植，应该经过试种后再大面积播种，或者选择当地农业站试验示范推广的品种。总之，各地要根据当地的具体情况进行选择，做到因地制宜选择品种。

种子处理。播种前先进行晒种，晒种 1~2 d，晒种后先拌种，然后再进行种子包衣，这样既能够促进种子萌发，又能够减少病虫害的发生。具体操作方法为：先用热水将 10g 25%铝酸铵溶解，溶液冷却后拌种，或用大豆根瘤菌的水溶液拌种。当种子阴干后，再选择适宜的种衣剂进行包衣。种衣剂一般具有防虫、杀菌等作用。

（二）整地与施肥

整地。整地时要打破犁底层，如果没有打破犁底，一定要进行秋深松，将地块整平耙细。

施基肥。施基肥非常重要，可以促进幼苗的生长和幼茎的木质化。基肥可以使用三元复混肥，也可以用优质的腐熟有机肥，用量为 600 $kg/h\ m^2$ 三元复混肥，或腐熟有机肥 20 ~30 $kg/h\ m^2$。

（三）播种

播种时间。一般当白天平均气温稳定通过 7~8℃ 即可进行播种。

播种方式。选用大豆“垄三”栽培法，双行间小行距 10~12 cm；采用穴播机在垄上等距穴播空距 18~20 cm，每穴 3~4 株；密度根据土壤状况合理密植。一般土壤肥力较高的地块，每公顷可留苗20 万~30 万株；土壤肥力不高，比较干旱的地块，每公顷可留苗 28 万~35 万株。出苗后及时查苗、补苗，三叶期间苗，五叶期定苗。

（四）田间管理

中耕。在大豆苗刚刚拱土时在垄沟间深松，然后在第一片复叶出来前进行中耕除草，即第一次铲蹚，目的是锄净苗眼草，疏松表土，同时注意不能伤苗。第二次铲蹚在苗高 10 cm 时进行，用大铧蹚成张口垄，目的是除草、培土，同时也要注意不能伤苗。第三次铲蹚在第二次铲蹚后 10 d 左右进行，主要目的是深松培土，要做到三铲三镗。

合理施肥。大豆初花期为营养与生殖生长同时并进，此时植株根系的根瘤菌释放的氮素不能满足其生长需要，追施氮素可促进花的发育和幼荚生长。一般趁雨亩施尿素 5~7 kg，植株生长过旺可酌情减量或不施尿素。进入结荚期可用 0.05%~0.1%的铝酸铵溶液或用 2%的过磷酸钙溶液每 667 m^2 用量 50 kg 叶面喷施，溶液内可加入磷酸二氢钾 150g 和尿素 100g 一同喷施，每隔 7 d 一次，连续三次，增产显著。

矮化壮秆。大豆如果在生长发育期间，出现倒伏的倾向时，可以通过喷施生长调节剂的方式使大豆植株矮化，从而达到壮秆的目的。生长调节剂可以选择多效唑或缩节胺等矮化壮秆剂。

化学除草。化学除草要尽量早，可以在播前进行土壤处理，即在春季整地后播种前 5~7 d 对土壤喷施适合的除草剂，要喷匀，另外在喷后应该耙地一次，使其混匀进土壤，最好深度能够达到 7~10 cm。如果土壤墒情不够理想，则不能在播前进行处理，以免影响播期。如果播前没有喷施除草剂，则要在播后进行，最好在出苗前墒情好的时间，喷施除草剂。如果出苗前没有合适机会喷洒除草剂，则可以在苗期喷洒，注意药量。如果在大豆生长前期，田间杂草较多时，则应该在墒情较好的情况下喷施除草剂。

水分管理。大豆各个生长期的需水量差异较大，从播种到出苗期间不能缺水，以免造成不出苗。从出苗到分枝，此时是大豆扎根蹲苗的关键期，要控制水分过多，如果不干旱，不用浇水，以免影响蹲苗。分枝至开花，此期是营养生长与生殖生长同时进行的阶段，大豆对水分的需求量增加，因此，应该增加供水量。开花至鼓粒阶段，是大豆需水量最大的时期，约占整个生育期的 45%，该时期是决定大豆产量的关键期，这一时期如果缺水，会造成瘪粒，直接影响产量。另外，在东北地区，在大豆鼓粒期一般降水较少，如果在此期能够灌水，对大豆的产量会有显著的提高。

（五）病虫害防治

1. 病害防治

大豆苗期极易发生立枯病、根腐病和白绢病。这些病害可以通过药剂拌种来防治，可以选择50%多菌灵500g或50%福美双400g，兑水2 kg搅拌溶解，然后均匀拌种100 kg；也可以在苗期进行防治，在真叶期用50%托布津或65%代森锌100g，兑水50 kg，对茎叶进行喷施。大豆锈病的防治可以用粉锈宁兑水进行喷施，用量为每公顷450g粉锈宁兑水750 kg。另外，及时清沟排水、降湿也是防止锈病发生的重要栽培措施。

2. 虫害防治

豆株生长到盛花至结荚鼓粒阶段，极易发生造桥虫、大豆卷叶螟、棉铃虫、甜菜夜蛾和斜纹夜蛾等害虫。这些害虫在田间混合发生，世代重叠，为害猖獗，抗药性强，从7月底至8月初要特别注意观察田间是否有低龄幼虫啃食的网状和锯齿状叶片出现，一旦发现要及时用药防治，每7 d一次。地下害虫防治，一是利用大豆种衣剂拌种；二是随化肥拌入合适药剂防治线虫和其他地下害虫。

（六）适时收获

实行分品种收获，单储，单运。

收获时期。人工收获，落叶达90%时进行；机械联合收割，叶片全部落净、豆粒归圆时进行。

收割质量。割茬低，不留荚，收割损失率小于1%，脱粒损失率小于2%，破碎率小于5%，泥花脸率小于5%，清洁率大于95%。

第二章　果树种植技术

第一节　苹果与桃种植

一、苹果生物学特性

（一）生长特性

1. 根系

（1）根系的分布

苹果根系的分布因砧木种类、土壤性质、地下水位高低和栽培技术而有不同。一般生长势强的品种根系分布深而广，生长势弱的根系分布浅而窄；乔化砧木的根系比矮化砧木的分布范围广。在较疏松的土壤上比在较黏重的土壤上分布深广。土层深厚对根系深度的影响较大，如土层较薄的辽南和山东胶东地区的山地苹果根系深度约 1 m，而西北黄土高原和华北平原地区苹果根系常深达 4~6 m。同时地下水位高的地区根系分布较浅。地上部与地下部是相互影响的，一般来讲，根系分布深广，树冠也比较大，就是通常我们所说的“根深叶茂”。因此，可以通过调控根系生长范围达到控制树冠大小的目的。

（2）根系生长动态

苹果根系没有自然休眠，只要条件适宜全年都可以生长，吸收根也随时发生。但由于地上部的影响，环境条件的变化以及种类、品种、树龄差异，在一年中根系生长表现出周期性的变化。据观察，根系一年有三次生长高峰。第一次在 3 月上旬至 4 月中旬发芽前后；第二次从新梢将近停止生长到果实迅速生长和花芽分化之前；第三次在果实采收后，随着养分的回流，根系再次出现生长高峰。

苹果根系生长的适宜土壤温度为 7~20℃，1~7℃和 20~30℃时生长减弱，当温度低于 0℃或高于 30℃时，根系停止生长。果园覆盖、生草等可以降低高温季节的土壤温度，有利于根系行使正常的生理功能。

根系的生长既要求充足的水分，又需要良好的通气。最适于根系生长的土壤含水量，约等于土壤田间最大持水量的60%~80%。土壤通气不良，影响根的生理功能和生长，氧气不足，导致根和根际环境中的有害还原物质增加，严重的会造成根系窒息死亡。因此，通气不良的黏重土壤不利于苹果根系生长，需要采取掺沙、增施有机肥等措施改良土壤。

肥沃的土壤中根系发育良好，吸收根多，持续活动时间长。不同元素种类和形态对根系生长的影响不同，氮和磷刺激根系生长，硝态氮使苹果根细长，侧根分布广，铵态氮使根短粗而丛生。

苹果根系喜欢微酸性到微碱性土壤，pH适应范围在5.3~8.2，最适范围为5.4~6.8。过酸土壤易导致某些矿质元素的流失，过碱土壤易使某些元素的吸收发生障碍，这些都会导致缺素症的发生。苹果耐盐力不高，含盐量超过0.28%就会受害。

2. 枝条

苹果幼树期生长旺盛，层性明显，结果以后，长势逐渐减弱，层性也随之减弱。大部分地区的苹果新梢在一年有两次明显的生长，第一次生长的部分为春梢，第二次延长生长的部分为秋梢，春、秋梢交界处形成明显的盲节。秋梢若能及时停止生长，有些品种发育充实的枝条能形成腋花芽，有利于幼树提早结果。

苹果的结果枝按照长度可分为长果枝（15~30 cm）、中果枝（5~15 cm）和短果枝（<5 cm）。苹果的结果枝以短果枝为主，幼树期由于生长旺盛，其中长果枝的比例高于盛果期大树。

3. 叶片

叶片是苹果进行光合作用、生产有机营养的主要器官。同时，叶片形状、色泽也是区分品种的重要指标。

在一个新梢上，一般基部和顶部的叶片较小，中部的叶片较大。但在贮藏营养和当年营养的转换期，中部出现小叶。基部叶片发生较早，其形态建成主要依靠上一年贮藏的营养，因此，贮藏营养的水平影响基部叶片的大小，从而影响到早期开花和幼果的发育。长梢中部的叶片大而厚，光合能力强。顶部叶片形成晚，在秋季依然保持较强的光合能力，对后期营养的贮备有重要作用。当树冠内部光强降低到30%以下时，叶片的消耗大于合成，变成寄生叶。

苹果适宜的叶面积指数为2.5~3.5。适宜的叶面积指数受到栽培制度、环境条件等多方面的影响，在矮砧密植条件下，其适宜的叶面积指数比乔砧栽培要小。

（二）结果习性

1. 花

（1）花芽形成

苹果的花芽属于混合花芽，一般着生在短、中枝的顶端，有些品种长梢上部的侧芽也可形成腋花芽。苹果的花芽是在开花前一年的夏秋季节形成的，集中分化的时期是在6~9月份，7~8月份为分化盛期。

苹果的花芽分化主要包括生理分化、形态分化和花芽进一步发育三个时期。生理分化期一般发生在盛花后4~5周至9~10周，进入生理分化期后2~3周，生长点开始发生变化，即进入花芽形态分化期，此时生长点向花的器官发展。花芽的形态分化由外轮器官向内轮器官分化，经历花芽分化初期、花蕾形成期、萼片形成期、花瓣形成期、雄蕊形成期和雌蕊形成期六个过程。到秋季落叶前，花芽的形态分化过程结束。休眠期后至开花前，花芽进行性器官如花粉粒、胚珠等的发育，称为花芽的进一步发育时期。花芽生理分化期决定着花芽的数量，而形态分化期和进一步发育期则决定着花芽的质量。

（2）开花、坐果与落花落果

从外观上看，苹果花芽萌芽后到落花要经历以下几个有显著区别的发育阶段：

花芽萌动期：芽片膨大，鳞片错裂。

开绽期：花芽先端裂开，露出绿色。

花序露出期：花序伸出鳞片，基部有卷曲状的莲座状叶。

花序伸长期：花朵聚在一起，花柄伸长。

花序分离期：同一花序中的花朵分离。

气球期：花朵呈气球状，花瓣显露。

初花期：从第一朵花开放到全树25%花序的第一朵花开放。

盛花期：全树25%~75%花序的第一朵花开放。

落瓣期：第一朵花的花瓣开始脱落到75%的花序有花瓣脱落。

终花期：75%的花序有花瓣脱落到所有的花的花瓣脱尽。

苹果开花期一般在4月中下旬至5月上旬。开花期的早晚与积温有关，苹果从花芽萌动到开花需要25℃的积温为（185±10）℃。苹果花芽萌发后形成一段短而粗的果台，花序着生其上，一个花序通常有5~7朵花。一个花序内的花朵，自开放至全谢约历时1周。一朵花的开放时间为4~5 d，一棵树约在15 d，气温在17~18℃是苹果开花最适温度。一般苹果中心花先开，两天内侧花相继开放；短果枝花先开，中、长果枝花后开，腋花芽最后开；树冠中下部的花先开，中上部的花后开；成龄树花先开，幼旺树花后开。一般中心花形成的果实大而周正。所以，疏花疏果时一般留中心花中心果。

苹果属于典型的异花授粉果树，同一品种花粉授粉亲和力很差，必须靠其他品种花粉进行授粉才能正常结果。生产中应选择与主栽品种花期相遇、亲和力强、花粉量大的品种作授粉品种。经过授粉受精后，花的子房膨大而发育成果实，在生产上称为“坐果”。坐果率的高低与树体的营养水平、环境条件、授粉质量等有密切关系。常言道“满树花半树果，半树花满树果”，开花量大时，疏花芽、疏花序、疏花蕾可提高坐果率和结果量。

苹果的落花落果一般有3~4次高峰：①落花。出现在开花后，子房尚未膨大时，此次落花的原因是花芽质量差，发育不良，花器官（胚珠、花粉、柱头）败育或生命力低，未完成授粉受精导致的。②落果。出现在落花后1~2周，主要原因是授粉受精不充分，子房内激素不足，不能调运足够的营养物质，子房停止生长而脱落。③六月落果。出现在落花后3~4周（约在5月下旬至6月上旬）。主要原因是果实间、果实与新梢间营养竞争引起的。结果多，修剪太重，施氮肥过多，新梢旺长都会加重此次落果。④采前落果。某些品种在采果前1个月左右，随着果实的成熟，陆续脱落，出现“采前落果”。此次落果与品种有很大关系，主要是遗传原因引起的。如元帅、红星、津轻采前落果较重，而红富士采前落果不明显。

2. 果实

苹果果实是由子房和花托发育而成的，果实的可食部分大部分由花托的皮层发育而来。苹果果实生长过程分为三个阶段：初始缓慢生长期，果实体积增大变化不明显；快速生长期，果实体积增大非常迅速；第二次缓慢生长期，果实体积增大缓慢，逐渐停止生长。果实在整个生长发育期只有一次快速生长。以果实的体积、鲜重、直径等作纵坐标，时间作横坐标绘制的曲线，称为果实累加生长曲线，苹果的累加生长曲线呈单“S”形。

充足的光照是提高光合效能，增加果实糖分，着色良好的基础。昼夜温差大，既有利于碳水化合物的积累，提高含糖量，又有利于果实着色，硬度增加。据研究，平均夜温低于18℃时着色最好，当夜温接近24℃时，则根本不能产生色素。良好的树体结构有利于光能的高效利用，增施有机肥可以保证树体营养的均衡，缓和树势，是提高果实品质的重要途径。

3. 种子

种子的形成在苹果坐果和早期的果实发育中有着重要的作用。良好的授粉受精、种胚的形成和发育是坐果的基础。种子在形成和发育过程中产生的激素可以调运光合产物向幼果输送，促进果实发育，增强与新梢竞争营养的能力。一般种子少的幼果竞争能力差，易脱落，种子数目多的幼果具有形成大果的基础。种子在果实中的分布也影响果实的形状，没有种子的一面往往发育减缓，形成偏斜果。除此之外，过多的种子会产生大量的赤霉素等抑制花芽分化的激素，所以，结果过多会导致花芽分化减少，影响第二年的产量，形成大小年。

（三）对环境条件的要求

1. 温度

气温是影响苹果生长发育的重要生态条件之一，它决定了苹果是否能够生存和正常生长发育，也是影响果实品质的一个重要因素。总起来讲，苹果喜欢冷凉气候。

（1）年平均气温

我国苹果适宜区年平均气温在 7.0~14℃，最佳适宜区为 8.5~12℃。

（2）冬季气温

一般冬季最冷月（1 月份）平均气温不低于-14℃，也不高于 7℃，极端低温-27℃以上为合适，低于-30℃时会发生严重冻害，-35℃即冻死，但小苹果可以忍耐-40℃低温。

（3）生长期气温

从萌芽到落叶为苹果生长期。这一时期的温度对苹果生长发育有着明显的影响，一般平均气温应达到 13.5~18.5℃。在生长期内，不同时期对温度的要求有所不同：春季日夜平均温度 3℃以上时，地上部开始活动，8℃左右开始生长，15℃以上生长最活跃；开花期适温为 15~25℃，气温过低，易使苹果花果受冻，受冻的临界气温是：芽萌动-8℃（持续 6 h 以上），花芽受冻；花蕾期遇-4~-2.8℃，花蕾受冻；开花期-1.7~2.2℃，雌蕊受冻；幼果期-1.1~2.5℃，幼果受冻，受冻的幼果表现为萼片周围出现程度不同的木栓化组织，即“霜环”。另外，花期气温过低，影响传粉昆虫活动，如蜜蜂在 14℃以下几乎不活动，影响授粉坐果。气温过高，花期缩短，花粉败育比例提高，雌蕊柱头分泌物和水分蒸发快导致授粉不良，坐果率降低。6~9 月份平均气温宜在 16~24℃。花芽分化期日平均温度在 20~27℃，有利于花芽分化，日温差越大，花芽形成率越高。

夏、秋季温度与果实生长和品质形成有密切关系。据研究，果实发育以 25℃上下最为适宜，过高过低都会影响果实生长。夏、秋季昼夜温差越大，果实增长越快，着色越好，含糖量越高，风味越浓郁。温度过高，味淡、着色差。因此，优质苹果生产基地夏季温度较低，6~8 月份平均气温在 18~22℃，相对湿度为 60%~70%，成熟前 30~35 d 日温差大于 10℃以上，夜间低于 18℃最为适宜，大于 35℃的高温日数不超过 5 d 为最好。另外，高温还会引起果实的日灼和果面伤害，影响果实的销售。

2. 水分

苹果喜欢较干燥气候，适宜年降水量在560~800 m m，土壤水分达到田间最大持水量的60%~80%较为适宜。苹果在不同发育时期对水分的需求存在差异。早春低温干旱，容易引起“抽条”。生长前期土壤墒情较差，降水不足时应及时灌溉，否则果树生长势弱，坐果率低，幼果发育受阻。花芽分化期降水适中偏旱，有利花芽分化；降水偏多，春梢停长延迟，不利花芽分化。后期水量宜适中，降水过多，光照不足，果实着色差，含糖低，品质劣，不耐贮运；降水过少，土壤干旱，果实膨大受阻，着色也差，风味品质也欠佳。另外，果实发育后期水分过多，尤其是在前期干旱，后期突然水分过多，即土壤水分忽多忽少，容易导致苹果的裂果。

3. 光照

苹果是喜光果树，日照率要求在50%以上，年日照时数不低于2000~2500 h，8~9月份不能少于300h，树冠内自然光入射率应在50%以上，透光率20%左右。短波的紫外光与青光对节间伸长有抑制作用，使树体矮小、侧枝增多，且可促进花芽分化，还有助于色素的形成，使红色果实的色泽更加艳丽，因此，高海拔、晴天有助于改善果实品质。

4. 土壤

土层深厚，排水良好，酸碱度适宜，保肥保水能力强，有机质丰富，是栽植苹果的理想土壤。苹果树大根深，一般要求土层深度1 m以上，地下水位在1~1.5 m以下，土壤含有机质1.5%以上，土壤氧气浓度为10%~15%，酸碱度（pH）5.4~6.8，总盐量低于0.28%，土壤质地以沙壤土为最佳。土壤pH低于4.0生长不良，大于7.8易出现失绿现象。

二、三优一体化苹果栽培技术

（一）苹果三优栽培技术简介

苹果产量高，产值大，适应性强，要因地制宜、适地适栽发展苹果。苹果三优栽培技术是河北农业大学专家教授经过多年的研究和攻关创建的“优良品种”“优良砧木”和“优良技术”有机结合的“苹果三优栽培体系”，该体系获得教育部科学技术进步二等奖，是目前世界上最先进的栽培管理技术之一。该技术既避免了过去乔砧稀植整形技术复杂、时间长、结果晚的缺点，又克服了当前乔砧稀植控冠、促花难度大，不易掌握，难推广的不足，从根本上将传统的技术集成模式改变为简化技术型，是我国苹果栽培体系的重大变革。

“三优苹果园”具有以下特点：第一，开花结果早，产量高。在不采取任何促花措施条件下，定植第2年即可成花，3年见果，5年亩产达1750 kg，6年以后亩产3000 kg。第二，通风透光好，果品质量高。三优苹果园树体狭长，树冠矮化，光照分布合理，果实着色一致。在1.5 m×3 m高密度栽培条件下，10年生园行间仍可保持1 m左右的光路。第三，树体矮小，管理简便、省工，易实现标准化管理。由于不用环剥、喷施生长调节剂等促花措施，整形修剪简化，操作方便，生产成本较传统降低60%。第四，经济效益高。由于技术简化，投入降低，产量和品质提高，前7年平均亩收益较传统模式增加6倍。第五，技术简化，易学易会，便于推广和被普通果农所掌握。

（二）果园规划

1. 砧穗组合

三优矮化中间砧苹果苗，由三部分组成，下面是基砧，中间为矮化砧，上面是苹果品种，主栽品种应用河北农大优选的红富士新品系——天红二号，授粉品种王林。

2. 栽植密度

（1）单行篱架

细长纺锤形整形，株距1.5 m，行距3.5 m（亩栽植127株）；架高2.6~2.8 m，每隔10 m立一支柱，支柱上60 cm拉第一道铅丝，每隔70~80 cm拉一道铅丝。

（2）V字形架式

单干整形，株距1 m，行距4 m（亩栽植167株）。

采用V字形架，每隔8 m立两根支柱，并使其上部分向行间，两根立柱夹角为50°~60°，支柱露出地面2.6~2.8 m，每侧支柱上拉4道铅丝。

（三）结果期管理

三优一体化苹果栽培体系，定植后第四年进入结果期，亩产可达到1000 kg左右，第五年或第六年进入盛果期，亩产达到2000~4000 kg。

1. 整形修剪

（1）冬剪

冀北地区冬季修剪一般在春季萌芽前进行，三优一体化苹果冬季修剪量不大，主要是把树高控制在3 m左右，保持冠内枝条生长势的平衡，对过大的分枝，要加大开张角度，疏除其上较大的分枝，对老化的分枝进行回缩复壮。

（2）花前复剪

花前复剪是在冬剪基础上，于花芽萌动期至开花前进行的补充修剪，复剪的主要目的是调整花量。复剪时要因树制宜，疏掉过多、过密和过弱的花枝，选优去劣，回缩串花枝，更新复壮弱枝组，使树体合理负载，保持树势平衡和稳定。

（3）夏剪

在生长季及时进行夏剪，综合运用拧、扭、拉枝等措施，促进树势缓和形成足够的花量，开张角度，以增加树冠内通风透光度，提高果实品质。

2. 花果管理

三优一体化苹果花果管理与常规管理基本相同，主要有疏花、授粉、疏果、套袋、摘袋、铺反光膜、摘叶和转果等措施，并适时采收。疏花从花序伸出期开始，依据花量进行，一般每间隔 15~20 cm，选留一个粗壮花序，然后把其他多余的花序全部疏除，疏花序时最好保留果台副梢和莲座叶。落花后 10 d 开始疏果，一般按果间距 20~25 cm 留一个果，把多余的幼果全部疏除。疏果时应选留果形端正的中心果，多留中长果枝和果顶向下生长的果，少留侧向及背上着生的果，改善果形。及早疏除梢头果、病虫果、畸形果和向上生长的果。在落花后 30~40 d 开始套袋，苹果套袋应选用质量较好的双层果袋，套袋前 2~3 d，果实应喷一次杀菌剂，选用70%甲基托布津800 倍液或大生 m-45、喷克等。果实在采摘前 20~25 d 除袋，除袋时先将袋底撕开，除去外袋，隔 3~5 个晴天后再摘除内袋。除袋宜在上午 10 点以前、下午 4 点以后进行，以防果实灼伤。摘袋后在树冠下铺设反光膜，一般每行树冠下离主干 0.5 m 处南北向每边各铺一幅宽 1 m 的反光膜，促进果实着色。富士苹果在阳光直接照射下才能着色，需要摘除贴果叶片和果台枝基部叶片，适当摘除果周围 5~10 cm 范围内枝梢基部的遮光叶片，并于采果前 7~10 d，摘除部分中长枝下部叶片。在摘除套袋一周后进行转果，果实的向阳面充分着色后把果实的背阴面转向阳面，促进果实背阴面着色，采前一般转果 1~3 次。

为保证果实全面着色和提高果实含糖量，要适期采收，按要求采取分批采收。采摘时，尽量轻采、轻放，避免碰伤和指甲刺伤果实，果实采收后随即剪除果柄。采收用的篮、筐均须内衬蒲包、旧布等柔软铺垫物，从篮到筐，从筐到果堆、果箱等都要逐个拾拿，禁止倾倒。

3. 土肥水管理

为保证苹果的产品质量，一般要求施足有机肥，实行配方施肥。可在采果前（9 月底至 10 月上中旬）采用全园撒施的方法施足底肥，每亩施用 4~6m^3 优质有机肥，并掺入配方肥 200 kg 左右，施肥后灌足水，使土壤沉实，有利于肥料的分解、根系的再生和果树的生长和吸收，生长季不再进行土壤追肥。

在生长季可进行叶面补肥，可结合喷药进行，全年共喷 5~7 次，一般生长前期以喷尿素或氨基酸叶面肥为主，尿素一般浓度为 0.3%，共喷 2~3 次；氨基酸叶面肥喷施浓度为 300~500 倍液。中期（7~9 月）以喷磷钾肥为主，如喷磷酸二氢钾 2~3 次，浓度 0.3%。后期（采果后）补喷光合微肥或氨基酸生物肥。

果园需要灌冻水、早春灌水和施基肥时灌水。冻水一般在土壤结冻前灌溉，可防止冬季枝干日灼和幼树春天抽条。早春灌水在果树萌芽前进行，有利于果树的萌芽、开花和坐果。夏季果树生长季节根据土壤墒情确定是否需要灌水，在盐碱地、地下水位高和排水不良的果园，在夏季多雨季节注意排水。

采用三优一体化栽培技术的果园，行间较宽，可采用果园生草制的土壤管理方法，在行间种植多年生豆科牧草，定期刈割，不用翻耕。生草法可保持和改良土壤的理化性状，增加土壤有机质和有效养分的含量，还可降低生产成本，有利于果园的机械化作业。

三、桃的生长发育规律

（一）生长结果习性

桃树为落叶小乔木，干性较弱，自然生长时常呈圆头状，高 4 m 左右。桃幼树生长旺盛，发枝多，形成树冠快。桃树寿命较短，北方一般 20 年后树体开始衰老，在多雨和地下水位较高地区或瘠薄的山地，一般 12~15 年树势即明显衰弱。光照充足、管理水平较高的桃园 25~30 年还可维持较高产量。设施栽培条件下由于环境条件的变化，其经济结果年限大大缩短，熟悉设施桃树的生长结果习性，对于优化设施栽培管理，达到设施栽培桃优质丰产具有极其重要的意义。

1. 生长特性

（1）根系

桃为浅根性树种，分布的深度及广度因砧木种类、品种特性、土壤条件和地下水位高低而异。桃水平根发达，无明显主根，其水平分布一般与树冠冠径相近或稍广。垂直分布通常在 1 m 以内，集中分布层为 20~40 cm。毛桃砧根系发育好，须根较多，垂直分布较深；山桃须根少，根系分布较深。

在年生长周期中，桃根系在早春开始活动较早。土壤解冻以后，桃根系开始吸收并同化氮素，地温达到 5℃左右时，根系开始生长，15℃以上开始旺盛生长，22℃时生长最快。当土温高达 26℃时，根系停止生长，进入相对休眠期。土温降至 19℃左右时，根系开始第二次生长，但生长势较弱。秋末冬初，土温降至 11℃时，桃树根系停止生长，进入冬季休眠期。

(2) 芽的类型和特性

桃芽按性质可分花芽、叶芽和潜伏芽。桃的顶芽都是叶芽，花芽为侧芽。桃花芽肥大呈长卵圆形。叶芽瘦小而尖，呈三角形。

根据芽的着生状态可分为单芽和复芽。复芽是桃品种的丰产性状。最常见的复芽组合是一个花芽与一个叶芽并生的双芽和两侧为花芽中间为叶芽的三芽并生。叶芽多着生在枝条下部，花芽和复芽多发生在枝条的上部，花芽为纯腋花芽每芽开 1 花，花芽分化多在新枝接近停止生长或停长期进行。

桃叶芽具有早熟性，当年形成的芽当年能萌发，生长旺的枝条一年可多次萌发。桃萌芽力和成枝力强，只有少数芽不能萌发形成潜伏芽。桃的潜伏芽少而且寿命短，不易更新，树冠下部枝条易光秃，结果部位上移。

(3) 枝条类型和特性

桃枝按其主要功能可分为生长枝和结果枝两类。

生长枝。按其长势又分为发育枝、徒长枝和叶丛枝。发育枝长 60 cm 左右，粗 1.5~2.5 cm，其上多叶芽，有少量花芽，有二次枝，一般着生在树冠的外围，主要功能是形成树冠的骨架；徒长枝由多年生枝上的潜伏芽萌发而成，多发生在树冠内膛，直立性强，节间长，组织不充实；叶丛枝是只有一个顶生叶芽的极短枝（又称单芽枝），长约 1 cm，多发生在弱枝上，条件适宜时也可发生壮枝，用作更新。

结果枝。根据其形态和长度可分为徒长性结果枝、长果枝、中果枝、短果枝、花束状果枝。徒长性果枝长 60 cm 以上，生长较直立，坐果率低；长果枝 30~60 cm，一般不发生二次枝，复花芽多，生长充实，坐果率高，是多数品种群特别是南方品种群的主要结果枝；中果枝长 15~30 cm，单芽、复芽混生，结果后还能抽生中、短果枝，具有连续结果能力；短果枝长 5~15 cm，单芽多，复芽少，在营养良好时能正常结果，多数短果枝坐果率低，更新能力差，结果后易衰弱甚至枯死；花束状果枝长 5 cm 以下，极短，多单芽，只有顶芽是叶芽，其侧芽均是花芽，结果能力差，易于衰亡。

2. 结果习性

(1) 开花坐果

桃为两性花，自花结实能力强。但生产上有很多花粉败育品种，这些品种大多果实品质优良，在合理配置授粉树的条件下，仍可丰产。对授粉品种的要求，首先是花期与主栽品种重叠，其次是花粉量大。桃花粉直感现象明显，不同品种花粉为同一品种授粉，所结果实的形状、颜色等均有明显差异。无花粉或少花粉品种的丰产性受气候影响明显大于完全花品种。气候环境变化较大、灾害性天气发生频率较高的地区，应尽量选择主栽完全花品种。

桃开花时的日平均温度在10℃以上，最适日平均温度为12～14℃。同一品种的开花期为7 d左右。花期长短因栽培方式和气候状况而异，日光温室促早栽培条件下，花期明显长于露地栽培，一般为10～15 d；气温低、湿度大则花期长；气温高、空气干燥则花期短。

桃子房中有两个胚珠，一般在受精后2～4 d小的胚珠退化，大的则继续发育形成种子。有时2个胚珠同时发育，在1个果核内形成2粒种子。子房壁的内层发育成果核，中层发育形成果肉，外层发育成果皮。

（2）果实发育

桃果实生长发育曲线为双S型。授粉受精后，子房壁细胞迅速分裂，子房开始膨大，形成幼果。2～3周后，细胞分裂速度逐渐放慢，果实生长也随之放缓。花后30 d左右细胞分裂停止。此后的果实生长主要靠细胞体积和细胞间隙的增大。桃果实生长发育要经历3个时期，即幼果迅速生长期、硬核期和果实迅速生长与成熟期。

幼果迅速生长期。此期始于授粉受精后从子房膨大开始到果核开始木质化之前。该期果实体积和重量迅速增加，果核也迅速增大，至嫩脆的白色果核核尖呈现浅黄色，即果核开始硬化时为止。此期所用的时间和增长速度不同品种大致相似，在北方一般为36～40 d。

硬核期。此期果实体积增长极为缓慢，果核逐渐硬化，种胚逐渐发育，而胚乳则逐渐消失。当果实再次开始迅速生长时，此期结束。硬核期持续时间长短因果实发育期长短而异，极早熟品种约1周，早熟品种2～3周，中熟品种4～5周，晚熟品种可持续6～7周，极晚熟品种8～12周。

果实迅速生长与成熟期。硬核期结束后，果实再次开始迅速生长，直至成熟为止。此期果实体积和重量迅速增大，其重量增加量占成熟时总果重的50%～70%，增长最快时期在采前2～3周。栽培管理正常情况下，此期结束前果实完全表现出其品种特征。此期果核体积不再增加，只是种皮逐渐变为褐色，种子干重迅速增长。成熟前7～14 d果实横径增长迅速，果实呼吸强度、内含物、硬度、底色等明显改变，标志着成熟期的到来。

（3）花芽分化

桃树的花芽是由开花前一年夏秋季新梢叶腋部位的芽分化而成的。桃树花芽分化经历生理分化和形态分化2个时期。形态分化开始前5～10 d为生理分化期。此期新梢生长速度明显放慢。生理分化期一般于5月下旬至6月上旬开始，到7月中旬前后结束。生理分化开始后不久即转入形态分化，至秋季落叶前，芽内逐渐分化形成萼片原始体、花瓣原始体、雄蕊原始体和雌蕊原始体。不论分化开始早晚，冬前均可分化形成雌蕊原始体。随后，花芽停止分化，进入冬季休眠状态。

（二）桃对环境条件的要求

1. 光照

桃树特别喜光，光照充足、日照时间长，枝条发育充实、花芽分化好、坐果率高、果实品质优良。光照不足时，易发生徒长枝，枝条易枯死，花芽质量差，坐果率低，果实品质低劣。因此，设施栽培桃树，要特别注意调整光照，要经常擦膜，保持采光面光亮、透光率高；地面要铺设反光膜，墙壁张挂反光膜，增强室内光照强度；树体应稀疏留枝，并要采用低干矮冠的自由纺锤形，以利改善设施内光照条件。

2. 温度

桃树喜冷凉，较耐寒。休眠期中，在-22℃的低温范围内，一般不会发生冻害，如果气温低于-23℃，则不宜栽培桃树。桃各器官中，花芽耐寒力最弱，一般休眠期能耐-16～-14℃的低温。北方2月份温度骤降或温度较低时，花芽容易受冻，有些品种会产生僵芽现象。根系耐寒力较弱，土温降至-10℃以下时，根系会遭受冻害。花蕾期较耐低温，能耐-3℃左右低温，花朵次之，能耐-2℃左右低温，幼果期遇到-1℃低温就会发生冻害，温度越低，时间越长，冻害越严重。桃树休眠期需要通过一定的低温量，才能正常地发芽、开花、结果。一般栽培品种的需冷量为600～1200 h。桃树根系生长的最适宜温度为18～22℃，开花期最适宜温度为12～16℃，枝叶生长发育的最适宜温度为18～23℃，果实膨大期月平均温度达到24.9℃时，产量高、品质好，果实成熟期的温度以28～30℃为好。

3. 水分

桃耐旱怕水涝，根系好氧性强，地面短期积水，就会造成落叶、黄叶甚至引起植株死亡。土壤水分过多，还会引起枝条徒长和流胶现象发生，并能引起果实开裂和病虫害严重发生。因此，在建园时必须考虑选择地下水位低，排水良好的地方。但也不能缺水，土壤水分不足会引起根系生长缓慢、枝条生长弱、落果严重、果实质量差。严重干旱会造成大量落叶，甚至导致死树现象发生。

4. 土壤

桃树适应性强，对土壤要求不严，一般土壤都能栽培，但在有机质含量高、透气性好的壤土、沙壤土地中栽培，其根系发育好，树体健壮。桃树在微酸至微碱性土中都能生长，最适宜pH为5～6.5的弱酸性土壤。土壤石灰含量高、pH高于7.5以上时，表现缺铁，易发生黄叶病，特别在排水不良时，黄叶病发生更为严重。

四、桃的栽培管理

（一）土壤管理

土壤管理的技术途径与方法主要有土壤改良、施肥、灌水、排水、降低地下水位等。生产者要根据树龄、土壤、气候状况及优质丰产栽培的要求有针对性地选用具体的土壤管理技术。

1. 土壤改良

设施栽培规模相对较小，设施内空间小，栽植密度大，作业不便。因此，土壤改良工作应在苗木定植前一次完成。

2. 施肥

施肥要以有机肥为主。在秋施基肥的基础上，根据桃树的年龄时期和各物候期生长发育对养分需求的状况与特点，决定追肥的时期、种类与数量。1~3 年生幼树少施或不施氮素化肥，花芽分化前追施一定数量的钾肥，以促进花芽分化和枝条成熟。除注重秋施基肥以外，追肥以钾肥为主，重点在硬核后的果实速长期进行。

3. 灌溉与排水

设施桃一般在果实迅速生长期追肥后、秋施基肥后和土壤上冻前浇水 3 次，其他时间可根据树体生长反应决定是否需要灌水。

4. 杂草管理

设施栽培栽植密度大、主干低，一般雨季采用清耕法管理，扣棚后至揭棚前结合提高土壤温度的要求，采用地膜覆盖的方法管理。

（二）整形修剪

整形修剪是设施桃树栽培的关键技术之一。整形修剪的主要目的：一是建造并维持一定的群体与树体结构，始终将树高与冠幅控制在一定的范围之内，以保证其群体及个体通风透光良好，充分合理地利用光能，为创造高额的生物学产量奠定基础；二是要调节新梢生长与枝类构成，尽快形成并长期保持树冠内具有大量的、较为理想的结果枝，从而为早丰产、优质、高产、稳产奠定基础。

1. 树体结构及树形的选择

①树冠高度。设施栽培桃树要特别注意控制树冠高度，使冠层顶部与棚室最高处保持 0.5~1.5 m 的距离，以利于棚室内空气流通。②主干高度。主干高低直接影响果树的空间

利用、通透状况与管理作业效率，设施栽培桃树的主干高度以 40～50 cm 为宜。③树形选择。日光温室栽培应选择小冠形，生产中选择树形要灵活掌握，一般棚室前部采用三主枝无主开心形或二主枝无主开心形，干高一般掌握在 20～30 cm，中后部采用纺锤形。

2. 不同时期的整形修剪

日光温室促成栽培中，结果枝的修剪应采用长放、疏间为主，短截为辅的修剪方法。强壮优质结果枝长放或轻打头，细长中庸偏弱结果枝中短截，但要求剪口下有叶芽。

（1）定植当年的修剪与化控

首先进行定干，定干高度从棚前排到后依次为 30、35、40、45、50、55、55、55……定植当年 5 月中旬，选直立生长的第 1 芽枝作中心干培养，并立支柱辅助，以防弯曲。当苗木中心干上的新梢长到 30 cm 时，摘去 5 cm，保留 25 cm，以后同样做法持续到 6 月下旬，增加苗木枝量。定植当年的冬剪以轻剪长放为主，主要是对中心干延长枝进行短截，疏除密生枝、病虫枝和直立旺枝。疏除和重截（留基部 2 个芽）无花枝，对果枝长放不剪。从 7 月中旬开始，视生长情况喷 2～3 次 15%多效唑可湿性粉剂 200～300 倍液，以控制营养生长，促进花芽形成。

（2）二年生及以后的修剪与化控

二年生树要注意继续培养中心干和上层主枝。对中心干延长枝留 40～50 cm，主枝延长枝留 30~40 cm 进行反复摘心，一般一年摘心 2～3 次，以控制生长，促进成花。

对于多年生树如果树体生长较大，表现太密的情况下，可采取留一行去一行的办法，变株行距 1 m×1 m 为 1 m×2 m，对保留下来的树修剪略轻一些，采取中短截，保证下一年树能长满棚，达到正常产量。对于短截后发出来的新梢，仍是按达到 30 cm 后进行摘心，增加树体枝量，持续到新梢控长期。

多年生桃一般在果实采收，完成其修剪后，在大部分新梢长到 20 cm 时喷 200～300 倍 15%的多效唑可湿性粉剂，根据树势决定喷药次数，一般 2～3 次。

（3）冬剪

设施桃冬剪相对比较简单，一年生树重点是剪除病虫枝、无花枝，保留 15～20 个 40 cm 以上的结果枝，有结果枝的尽量多留。二年生以后的，保留 25～40 个结果枝，剪除病虫枝、无花枝和过密枝等。

（4）采后管理技术

棚桃果实采摘后，立即进行重修剪，当年新栽的树除顶端保留 1～2 个新梢外，其余都保留 3～5 个芽进行极重短截，同时采果后每株树追施尿素 200 g，促进新梢生长。

（三）花果管理

设施栽培，特别是日光温室促早栽培的普通桃及蟠桃品种往往落花落果严重，有效提高坐果率是桃树日光温室促早栽培的关键环节，必须给予高度重视。要提高日光温室促早栽培桃的坐果率，需做好以下六点：

1. 花期温湿度调控

一般设施桃棚升温第5~7周即进入花期，棚桃进入花期温度就要控制在10~22℃，湿度控制在50%~60%，有利于花粉生长和授粉受精，促进坐果。进入幼果期温度控制在10~25℃，湿度60%~70%。进入硬核期之后温度控制在15~28℃，相对湿度控制在50%~60%。

2. 花期喷硼及授粉

为了促进棚桃坐果，盛花期使用500倍硼砂+300倍尿素进行喷施，同时要进行人工授粉或放蜂授粉。人工授粉采用毛笔或过滤嘴点授，每天在上午8点到下午4点之间进行；放蜂授粉比较好，在开花前两天把蜂箱放入棚内，让蜜蜂自行授粉即可，一般每亩棚放入两箱蜂为宜。

3. 疏花疏果

花芽膨大期，结合花前复剪疏花蕾，初花期开始疏除弱花、晚开花和畸形花。果实坐住之后，要进行疏果，一般分两次进行，果实豆粒大小时进行第一次，第二次于生理落果后进行定果，二次疏果不能太晚，否则影响产量和果实品质。最终一般大型果长果枝留3~4个果，中果枝留2~3个，短果枝留1~2个；中型果长果枝留4~6个果，中果枝留3~4个，短果枝留2~3个；小型果长果枝留5~8个果，中果枝留4~5个，短果枝留2~4个。

4. 果实套袋

油桃类可不用套袋，毛桃类一般须进行套袋，否则果实着色太重，影响品质。于采前1周左右除袋，果面颜色鲜红，商品品质最好。

5. 促进果实着色和成熟

①改善光照、保持昼夜温差、促进着色，主要是着色期增加前屋面透光膜清洁次数，保证前屋面透光良好。果实着色期保持15~18℃的昼夜温差，有利于促进着色及成熟。②果实着色期进行疏梢摘叶处理，在桃果实大小达到标准果个的着色初期，对影响果实受光的新梢和叶片进行摘除。由于果实生长发育受极性影响，树冠上部和外围果生长速度快，因此，疏梢、摘叶处理自上而下逐渐进行。③果实第二次膨大期追施钾肥。

6. 果实采收

进入采摘期，温度不能过高，应控制在20℃左右，否则桃易变软，影响商品质量。棚桃的采摘要根据果实成熟度，成熟一批采摘一批，进行分批上市。

第二节　葡萄与草莓种植

一、葡萄生物学特性

葡萄是多年生木本藤蔓植物，其植物学形态是由根、茎、叶、芽、花、果穗、浆果和种子组成。根、茎、营养芽和叶属于营养器官，主要进行营养生长，同时为生殖生长创造条件。生殖芽、花、果穗、浆果和种子属于生殖器官，主要用以繁殖后代。

（一）生长特性

1. 根系

葡萄的根富于肉质，髓射线发达，能贮藏大量的有机营养物质，秋天养分回流后，根中贮藏大量的营养物质，包括水分、维生素、淀粉、糖等各种有机和无机成分，以待春天供萌芽和枝蔓生长所需。葡萄是深根性作物，根系垂直分布最密集的范围在20~60 cm的土层内，所以比较耐旱。

葡萄根系的年生长期比较长，如果土温常年保持在13℃以上且水分条件适宜，可终年生长而无休眠期。在一般情况下，每年春夏季和秋季各有一次发根高峰，而且以春、夏季发根量最多。早春土温达到10℃左右时根系开始活动，12~13℃新根开始生长，一般北方露地6月中下旬进入生长高峰；进入7~8月份，由于温度太高，根系暂时停止生长或生长缓慢，到早秋季节，进入第二次生长高峰，一直到11月份。根的最适生长环境为：土壤温度在15~22℃，田间最大持水量在60%~70%。根系一般在-10℃左右时的低温下受到伤害，这是寒冷地区葡萄需要埋土防寒的重要原因之一。

2. 茎

葡萄茎由节和节间组成。茎的节间有横膈膜，有贮存养分和加强枝条牢固性的作用。葡萄的茎细而长，髓部较大，组织较疏松，体重很轻。节上具有卷须，使新梢可以缠绕其他树木或支架向上攀援。新梢节部稍膨大。节上着生叶片，叶互生，叶腋内着生芽眼，叶片的对面着生卷须或果穗。

葡萄地上部分的茎主要包括以下几部分：主干、主蔓、侧蔓、新梢和副梢。葡萄新梢生长迅速，一年中能多次抽梢，但依品种、气候、土壤和栽培条件而不同。一般新梢年生长量可达 1~2 m。在年生长期中，新梢一般具有两次生长高峰，如以主梢为代表，从萌芽展叶开始，至开花前，随气温、土温的升高，根系活动旺盛，新梢也随之加速生长，进入第一次生长高峰。第一次新梢生长的强弱，对当年花芽分化、产量的形成有密切关系，长势过强、过弱对开花、坐果都是不利的。此后，随果穗的生长至果实着色，新梢生长速度减缓。新梢第二次生长高峰是以副梢为代表的，当浆果中种子胚珠发育结束后才表现出来，这次生长量一般小于第一次。在高温、秋雨多的地区，8~9 月份还可能出现第三次副梢生长高峰。9 月下旬以后，气温逐渐下降，生长趋慢，直到 10 月上中旬才停止生长，至 11 月落叶进入休眠期。

3. 芽

葡萄的芽可分为冬芽、夏芽和隐芽，三类芽在外部形态和特性上具有不同的特点。早春平均气温稳定在 10℃以上时，葡萄的芽开始萌发，随后逐渐伸长，形成新梢。

4. 叶

葡萄的叶为单叶，互生，成叶由叶柄和叶片组成。叶片形状变化较大，全缘或 3~5 个裂片。

（二）结果习性

1. 开花坐果

葡萄的花序是复总状花序或圆锥花序，分序上花的数量随品种而异，一个花序上可以有 200~1500 个花蕾。它的卷须与花序是同源的，随着树体的营养不同可以相互转化。花序的形成与营养条件有密切关系。营养条件好，花序多，上面的花蕾多；营养条件差，花序发育不完全，花蕾少，有的还带卷须。葡萄花有三种类型：完全花（两性花）、雄性花和雌性花。大多数品种是完全（两性）花，有雌蕊和雄蕊，能自花授粉。少数品种为雌性花，雄蕊向下弯曲，花粉不能发芽，必须进行异花授粉。另外，还有一些品种，可以单性结实，即不通过授粉，子房就可膨大而长成果实。

当气温上升到 20℃左右时，欧洲品种即进入开花期。葡萄开花期间的温度对花的开放有很大影响。在 15. 5℃以下时开花很少，温度升高到 18~21℃时开花量迅速增加，气温达 35~38℃时开花又受到抑制。在 26. 7~32. 2℃的情况下，花粉发芽率最高，花粉管的伸长也快，在数小时内即可进入胚珠。而在 15. 5℃的情况下，则需要 5~7 d 才能进入胚珠。天气正常时葡萄的开花期多为 6~7 d。气温越高，开花越早，花期越短。开花期间如遇上低温或阴雨天气，不但花期延长，而且授粉受精不良，影响产量。柱头在花蕾开放后4~6 d仍保持受精能力。开花期正是新梢旺盛生长期，结果和生长争夺营养剧烈，因此，对容易落花落果的品种如玫瑰香、巨峰等在开花前3~5 d对结果枝进行摘心或喷0.2%硼砂液，有利于提高坐果率。

2. 果实发育

葡萄花序受精结束后形成果穗，果穗上着生果粒。一般葡萄在开花后一周左右，果粒约绿豆大时，有些幼果因子房发育异常或授粉受精不良、缺乏养分，常出现生理落果现象。落果后留下的果粒，根据不同时期果实的生长发育特点和生长的快慢，无论是正常有种子的果粒或是单性结实的果粒，一般需经历快速生长初期、生长缓慢期和第二次生长高峰期三个阶段，整个果实生长动态都具双S曲线的特点。第一阶段：从开花、坐果开始到第一次快速生长停止期间，果皮和种子都迅速生长，细胞分裂与细胞增大同时进行，果皮组织中的细胞迅速分裂，可持续3~4周，以后主要依赖于细胞体积的增大。第一阶段结束时，种子体积达到最终大小，但胚仍较小。第二阶段：整个浆果的生长速度明显减缓，种皮开始迅速硬化，胚的发育速度加快，胚在这一时期内基本达到最大体积。浆果酸度达最高水平，并开始了糖的积累。第三阶段：这是浆果的第二次快速生长期，浆果的体积和重量的增加量可能超过第一阶段或与之相当。此期浆果体积的增大主要靠细胞的膨大，浆果中糖分迅速累积。与此同时，含酸量持续下降。果实生长的一、二、三期的长短，因品种而异。一般早熟品种第二期短，晚熟品种第二期长。

3. 花芽分化

葡萄的花芽分化实际上是花序形成的过程，葡萄的花芽是混合芽，花序和枝条一齐发生。葡萄的花芽有冬花芽和夏花芽之分，一般一年分化一次，也可以一年分化多次。葡萄的花芽分化可分为生理分化和形态分化两个阶段。决定花芽良好分化的前提，首先是营养状况和外界条件（光照、温度、雨量）的充分满足。营养积累差，外界条件不适宜，如雨量大、气温低，均不利于花芽分化。花芽形成的最适温度为20~30℃。

一般品种大约在开花期前后，主梢上靠近下部的冬芽先开始花芽分化。随着新梢的延长，新梢各节的冬芽一般是从下而上逐渐开始分化，但最基部的1~3节上的冬芽开始分化稍迟，这与该处营养积累开始较晚有关。冬芽内花序原基突状体出现后，进一步形成各级分轴，至当年秋季冬芽开始休眠时末级分轴顶端单个花的原基可分化出花托原基。进入休眠后，整个花序在形态上不再出现明显的变化。一直到次年春季萌芽展叶后，每个花蕾才开始依次分化出花萼、花冠、雄蕊和雌蕊。一般出叶后一周形成萼片，再过一周出现花冠，出叶后二周半至三周雄蕊开始发育，再过一周心皮原始体出现，不久即形成雌蕊。春季花序原基的芽外分化，主要依靠体内上一年的贮藏营养物质。因此，树体贮藏养分积累的多少，对早春花芽的继续分化至关重要。冬芽中的预备芽形成时间一般较主芽晚 15 d，而花序分化较主芽所需时间长。

葡萄在自然生长状态下，夏芽萌发的副梢一般不易形成花穗结果，如通过对主梢摘心，改善营养条件，则能促进夏花芽的分化，使之成为结果枝。花穗发育的大小与夏芽萌发前的孕育时间长短有关。夏花芽的分化，结实力还因品种而异。巨峰一般约有 15%的夏芽副梢有花穗，白香蕉在 20%以上，龙眼仅 3%左右。

由于葡萄的花芽分化与萌芽、新梢生长、开花坐果、浆果发育交叉重叠进行，因此，从萌芽至开花前后及浆果膨大期，需要供应充足的营养物质，同时也要进行夏季修剪（抹芽、疏枝、摘心、疏花、疏果及处理副梢）的措施来促进花芽分化。

（三）葡萄对环境条件的要求

1. 温度

葡萄为喜温树种，葡萄原产于暖和的温带地区，不太抗寒，但由于枝蔓较软，便于埋土防寒。葡萄不同器官对低温的抵抗能力不同。成熟良好的枝条能耐-20℃的低温；休眠芽能耐-17℃的低温；根最不抗寒，欧洲种葡萄的根在-7～-5℃时即发生冻害。

2. 光照

葡萄是喜光植物，光照充足有利于生长发育、开花结果和花芽分化。光照不足时果实着色不良，香味减少，品质下降。北方地区光照充足，晴天多，日照时数长，全年日照在 2700 h 以上，完全能满足葡萄光照的要求。尤其是山地阳坡光照比平原充足，因此果实品质好。在设施条件下，光照条件远不如露地，如栽植密度过大、留枝过多、管理不当，极易造成果园郁闭，影响产量和品质。因此，设施生产中应选择光照充足的地址建园，并确定合理的株行距及正确的修剪手法，必要时采取人工补光措施。

3. 水分

葡萄虽是耐旱植物，但一定的水分对葡萄植株的正常生长和发育起着很重要的作用，且不同的生育期，葡萄对水分的要求也不相同。在葡萄生长初期对水分要求高，到开花时降低。开花时土壤过湿或降雨会阻碍正常受精，引起大量落花落果。浆果生长期对水分要求又增高，浆果成熟时对水分要求最低。在葡萄生长期间，空气的相对湿度以 70%～80%为好，而开花期和浆果成熟期则以 50%左右为宜。而土壤含水量在早春萌芽、新梢生长、幼果膨大期以 70%左右为宜。浆果成熟前后以 60%左右为好。

4. 土壤

葡萄对土壤的适应性很广，除重盐碱地外，在其他类型的土壤上都能生长。但葡萄最适宜的土壤是砾质壤土。设施生产是高投入、高效益，在规划建园时，仍应尽可能避免采用理化性状极端不良的土壤，如重黏土、排水不良的涝洼地、含盐碱量过高以及地下水位过高的土壤。一般要求地下水位能常年控制在 1 m 以下。

二、设施葡萄促成早熟栽培技术

（一）扣棚时间

葡萄的自然休眠期较长，一般在自然条件下需要 800~1600 h 的低温需求量，自然休眠结束多在 1 月中下旬。因此，如无特殊处理，最早扣棚时间应在 12 月底至翌年 1 月上中旬。过早扣棚保温，往往迟迟不发芽，或者发芽不整齐、卷须多、花量少而达不到丰产的要求。如想提早上市，超早期促成生产，可采用“低温集中预冷法”和“石灰氮处理破眠”相结合的方式，这在生产中已收到良好的效果。

（二）环境管理

环境管理是设施栽培的重点，应注意以下四个方面：

1. 气温与土温

扣棚前就应提高土温，在扣棚前 40 d 左右，棚室地面充分灌水后覆盖地膜，当扣棚升温时，土壤温度应达到 12℃左右。扣棚后（或低温处理揭帘后）应缓慢升温，不能提温太快，前 3~5 d 应使气温控制在 15~17℃°，以后每天上午 8 时左右揭开草帘，使棚室见光升温，下午 4 时左右及时盖上草帘保温。

期间葡萄对温度的要求不一样，应灵活调节，以避免白天高温伤害和夜间低温冻害。萌芽前，夜间最低气温控制在 5~7℃，白天最高温度可达 30℃；萌芽至花前，夜间低温在 7~15℃，白天高温 24~28℃，适温 20~25℃。花期对极限温度敏感，应特别注意调控。夜间最低温在 10~15℃，白天最高温不能超过 30℃，最适温度 22~26℃，以利于授粉受精。浆果膨大期，防止白天温度过高而造成梢叶徒长、生理落果严重，白天气温不能超过 30℃。浆果着色至成熟期已进入 4 月份左右，自然温度开始回升，温度的管理较为容易，白天升温快，注意放风降温，温度应保持在 25~30℃，夜间 15℃左右，在昼夜温差 12~15℃时，有利于浆果着色。

2. 湿度

萌芽前后至花序伸出期，湿度可适当大些，棚室相对空气湿度可达 80%~90%；花序伸出后控制在70%左右；花期适度干燥，有利于花药开裂和花粉散出，可维持湿度50%~60%，但过分干燥则影响坐果；其他时期空气相对湿度控制在60%左右。

3. 光照

葡萄是喜光植物，为了增加光照强度，每季最好使用新的棚膜材料，一般以无滴膜为主；及时清除棚膜灰尘污染；尽量减少支柱等附属物遮光；加强夏季修剪，减少无效梢叶的数量；阴天尤其是连续阴天可使用人工光源补光。

4. 二氧化碳气体

葡萄叶片光合作用的二氧化碳补偿点为60~80 g/ kg。随着二氧化碳浓度的增加，光合速率明显提高，并且二氧化碳浓度的增加，可弥补由于光照减弱所造成的光合强度的降低。葡萄棚室中二氧化碳浓度的调节除及时通风换气外，增施有机肥是提高棚室二氧化碳浓度的有效途径。

（三）花果管理

1. 提高坐果率

设施栽培条件下，结合最适宜环境条件的调控，在加强肥水管理、整形修剪、病虫防治等综合管理的基础上，必须采取多种方法提高坐果率。

（1）控梢旺长

对生长势强的结果梢，在花前对花序上部进行扭梢，或留5~6片大叶摘心，可提高坐果率。

（2）喷施硼肥

花前对叶片、花序喷施一次0.2%~0.3%硼酸或0.2%硼砂溶液，每隔五天左右喷一次，连续喷施2~3次。

（3）喷施赤霉素

盛花期以20~40 g/ kg赤霉素溶液浸蘸花序或喷雾，不仅可以提高坐果率，而且可以提早15 d左右成熟。

2. 疏穗、疏粒、合理负荷

合理负荷，及时定产，不仅可以提高品质，而且可以提高坐果率。

（1）疏穗

谢花后10~15 d，根据坐果情况进行疏穗，生长势强的果枝可保留两个果穗，生长势弱的则不留，生长势中庸的只留一个果穗。如果是一年一栽制，每个结果枝留一个果穗即可。

（2）疏粒

落花后 15~20 d，进行选择性地疏粒。疏去过密果和单性果，像巨峰葡萄，每个果穗可保留 60 个果粒。

3. 促进浆果着色和成熟

（1）摘叶与疏梢

浆果开始着色时，摘掉新梢基部老叶，疏除遮盖果穗的无效新梢，改善通风透光条件，促进浆果着色。

（2）环割

浆果着色前，在结果母枝基部或结果基部进行环割，可促进浆果着色，提前 7~10 d 成熟。

（3）喷施乙烯利与钾肥

在硬核期喷施 25×10^{-6} 乙烯利加 0. 3%磷酸二氢钾，可提早 7~10 d 成熟。

（四）设施葡萄生长季修剪

1. 抹芽定梢

在设施栽培中，抹芽定梢的目的是为了调节树势，控制新梢花前生长量。抹芽定梢的具体措施，要根据树势情况而定，树势弱的要早抹早定，树势强旺的要晚抹晚定。一般从萌芽至开花，可连续进行 2~3 次。当新梢能明确分开强弱时，进行第一次抹芽，并结合留梢密度抹去强梢和弱梢以及多余的发育枝、副芽枝和隐芽枝，使留下的新梢整齐一致。留梢密度，在棚架情况下，一般每平方米架面可保留 8~12 个；篱架情况下，新梢间隔距离 20 cm 左右。当新梢长到约 20 cm 时进行第二次抹芽，并按照留梢密度进行定梢，去强弱、留中庸。当新梢长到 40 cm 左右时，结合整理架面，再次抹去个别过强的枝梢。并同时进行引缚，以使架面充分通风透光。

2. 引缚

引缚时期，最好是在新梢长到 40 cm 左右时进行，过早容易折断。对于已经留下的弱梢，可以不引缚，任其自然。对于强梢，可以先“捻”后“引”，或将其呈弓形引缚于架面上，以削弱其枝势。常用的绑扣方法多用“8”字扣和“猪蹄”扣。

3. 去卷须

在引缚新梢的同时，对新梢上发出的卷须要及时摘除，以减少营养消耗便于工作。

4. 扭梢

设施栽培葡萄往往发芽不整齐，有的顶部芽萌发长到 20 cm 时，下部芽才萌发。为了结果枝开花前长短基本一致，当先萌动的芽长到 20 cm 左右时，将基部扭一下，使其缓慢生长。这样，晚萌发的新梢经过 10~15 d 生长即可赶上。另外，在开花前对花序上部的新梢进行扭梢，可提高坐果率 20%左右。

5. 新梢摘心

摘心是花前将新梢的梢尖剪掉，以暂时缓和新梢与花穗对贮存营养的争夺，使贮存养分更多地流入花穗，以保证花芽分化、开花和坐果对营养的需要。摘心时期，一般在花前 4~7 d 进行，而对于落花重的品种，以花前 2~3 d 为宜。摘心程度，一般以花上留 7~8 片叶为好，并同时去掉花穗以下所有副梢上的叶片，以增加摘心效果。而对于营养枝摘心，只捏去新梢先端未展叶的柔软部分。

6. 副梢处理

果实生长期，也正是副梢萌发生长高峰，要及时处理，以减少养分分流。对于花前摘心的营养枝发出的副梢，只保留顶端 1~2 个副梢，每个副梢上留 2~4 片叶反复摘心，副梢上发出的二次副梢，只留顶端的 1 个副梢的 2~3 片叶，其余的副梢长出后立即从基部抹去，使营养集中到叶片，以加强光合作用，促进花芽分化和新梢成熟。对于摘心后的结果枝发出的副梢，一般将花序下部的副梢去掉，上部疏去一部分，只留 2~3 个副梢。副梢上留 2~3 片叶摘心，副梢上发出的二次副梢、三次副梢只留一片叶反复摘心。到果实着色时停止对副梢进行摘心，这段时期共摘心 4~6 次。

（五）肥水管理

追肥是在葡萄生长发育的不同阶段，对大量需要或缺少的元素进行补充。第一次在坐果后的果实迅速膨大期，以施氮肥为主，施磷、钾肥为辅，每 667 m^2 施入氮、磷、钾比例为 1：2：1 的肥料 40 kg 左右，以促进枝叶生长和幼果膨大；第二次在浆果着色前，以施磷、钾肥为主，施氮肥为辅，每 667 m^2 施入氮、磷、钾比例为 1：2：2 的肥料 450 kg 左右。每次追肥后结合灌水。从幼果膨大至果实成熟期间，为满足葡萄新梢和果实生长发育的需要，除土壤施肥外，还应适当地进行叶面追肥。在幼果膨大期，每隔 10~15 d 向叶面喷布 1 次 0. 3%的尿素或其他以氮素为主的叶面肥，如氨基酸叶面肥，果实着色后每 15 d 左右喷布 1 次 0. 3%~0. 5%的磷酸二氢钾。

三、草莓栽培技术

（一）生长习性

草莓是多年生宿根性草本植物。植株矮小，呈半平卧丛状生长，株丛高度 20~30 cm。

盛果年龄2~3年。它的形态器官包括根、茎、叶、花、果实和种子。果实为假果，食用部分系花托发育而成。

1. 根系

草莓的根系属茎源根系，主要从叶柄基部发出。草莓根系在土壤中分布浅，主要分布在0~20 cm土层内。根系的水平分布范围，多在50~80 cm。由于草莓根系分布浅，叶片蒸腾量大，因此，浅土层水分对根系生长影响很大。若生长季缺水，则根系生长不良。另外，草莓根系也不耐涝，水分过多、排水不良会造成土壤缺氧，抑制根系的呼吸作用，不利于根系生长，甚至会使根系窒息而死。

2. 茎

草莓有新茎、根状茎和匍匐茎。

（1）新茎

草莓当年萌发的短缩茎称新茎，一般呈弓形，着生于根状茎上，是草莓发叶、生根、长茎、形成花序的重要器官。新茎上密集轮生具有长柄的叶片，叶腋着生腋芽，腋芽具有早熟性，有的当年萌发成新茎分枝，有的萌发成匍匐茎。新茎顶芽到秋季可分化成混合芽。春季当混合芽萌发出3~4片叶时，就在下一片未展出的叶片的托叶鞘内长出花序，并开花结果。新茎下部发出不定根，第2年新茎就成为根状茎。

（2）根状茎

由新茎转化而来的木质化了的多年生短缩茎。上一年新茎上的芽，翌年萌发又抽生新茎，其上叶片全部枯死脱落后，形成外形似根的茎叫根状茎，相当于木本果树的二年生枝和多年生枝。根状茎是草莓营养物质的重要贮藏器官，对草莓春季生长和开花结果有重要作用。

草莓新茎部分未萌发的腋芽，是根状茎的隐芽。当草莓地上部分某种原因受损伤时，隐芽能发出新茎，新茎基部形成新的不定根，很快可恢复生长。

（3）匍匐茎

是草莓新茎上的腋芽萌发形成的，又称走茎。匍匐茎是草莓的一种特殊地上茎，茎细、节间长。匍匐茎与花序是同源器官，是草莓繁殖的重要器官。匍匐茎寿命较短。匍匐茎苗产生不定根扎入土中形成独立苗后，与母株的联系逐渐中断。正常情况下2~3周匍匐茎苗就能独立成活。

匍匐茎苗发生的多少与品种有关。一般地下茎多的品种，发生匍匐茎较少。2~3年生的植株，发生匍匐茎的能力最强，一年生的植株和四年生以上的老株，发生匍匐茎较少。同一品种，结果多的产生匍匐茎少而晚，结果少的产生匍匐茎多而早。匍匐茎与花、果争夺养分，因此，在繁殖苗木时应及早去掉花蕾，而在结果为目的时应及早摘除匍匐茎。另外，匍匐茎的发生与日照时间和温度有密切关系。日照时数 12～16 h，气温在 14℃以上时，发生较多；日照时数低于 8 h，温度在 14℃以下时不发生或少发生匍匐茎。匍匐茎的发生与母株经过低温时间的长短有关。草莓在冬季休眠期间，品种对低温的要求完全满足时，匍匐茎发生早而多，且生长旺盛；如果不能充分满足要求，匍匐茎发生得晚而少，甚至不发生。大棚晚熟栽培，由于苗本身已顺利通过生理休眠，所以，匍匐茎发生多，生长快；日光温室条件下的促成栽培大都没有完全通过生理休眠，加之结果量大，消耗养分多，匍匐茎发生就少。

在育苗时，一般不让母株结果，减少营养消耗，促进匍匐茎发生。没有通过休眠的苗不能做育苗母株。另外，生长调节剂对匍匐茎的发生也有影响。赤霉素对部分品种匍匐茎发生有促进作用。一些匍匐茎发生少、繁殖困难的品种，赤霉素有一定的促进作用，但也只有在低温得到满足时才有效。一般施用浓度为 30～50 μg/g。

3. 叶

草莓的叶为基生三出复叶，叶柄细长，一般 10～25 cm，叶柄上多生茸毛，叶柄基部与新茎相连的部分有对生的两片托叶，叶柄中下部有两个耳叶，叶柄顶端着生 3 个小叶，叶缘有锯齿状缺刻，缺刻数为 12～24 个。

4. 芽

草莓的芽可以分为顶芽和腋芽。

顶芽着生于新茎的尖端，向上长出叶片和延伸新茎。顶芽在夏季结果后进入旺盛生长期，秋季随着温度下降、日照缩短，开始形成混合花芽，叫顶花芽。第二年混合花芽萌发，先抽生新茎，在新茎上长出 3～4 片叶后，即抽生花序。

腋芽着生在新茎叶腋，也叫侧芽。腋芽具有早熟性，在开花结果期可以萌发成新茎分枝，形成新茎苗。夏季新茎上的腋芽萌发抽生匍匐茎。秋天，新茎上的腋芽不抽生匍匐茎，有的可以形成侧生混合花芽，叫侧花芽，第二年抽生花序；未萌发的腋芽可成为潜伏芽。

（二）结果习性

1. 花

（1）花的形态

大多数草莓属完全花。草莓的花由花柄、花托、萼片、花瓣、雌蕊群和雄蕊群几部分组成。草莓抽生花序数量依品种、种苗状况、栽培地区不同而不同。每个新茎少则抽生一个，多则抽生数个，每个花序着生 3～30 朵花。

（2）开花授粉

当气温平均达10℃以上时，草莓开始开花。花序上花的级次不同，开花先后不同。一个花序可持续20 d左右。多级次花是在开放过程中逐步形成的，草莓花期可持续几个月。花药开裂时间一般是9～17时，以11～12时开裂最多。花药开裂的适宜温度为13.8～20.6℃，湿度最高限界是94%。花粉在开花后2～3 d内生命力最强。花粉发芽最适温度为25～27℃。

温度是影响两性器官发育的重要因子。低温使雄蕊败育。草莓虽然在平均温度10℃以上能开花，但有些品种在气温低于14℃时散粉却很少。一般花期遇0℃以下低温或霜害时，可使柱头变黑丧失受精能力。花蕾抽生后遇30℃以上高温，花粉发育不良，45℃时抑制花粉发芽。草莓能自花结实。但如有蜜蜂授粉则坐果率提高，畸形果减少。

2. 果实

草莓的果实是由花托膨大形成的，在植物学上叫聚合果，栽培上叫浆果。其果实表面附着许多经受精后子房膨大形成的瘦果，通常把它叫种子。瘦果与果面平齐、凸出或凹陷，具体着生情况因品种而异。瘦果与果面平齐的品种，果实一般较耐贮运。草莓果实增长与种子多少有密切关系。没有种子的果实，或坐不住果，或果实不增长。同一果实中，着生种子的部位生长，不着生种子的部位则不生长。如果授粉受精不均匀，就会产生畸形果。

3. 花芽分化

草莓在较低的温度（气温17℃以下）和短日照（12 h以下）的条件下开始花芽分化。草莓花芽形态分化开始的标志是，生长点明显隆起，肥大，呈半圆状，随后半圆形呈现凹凸不平，即进入花序分化期。草莓新茎顶芽和腋芽都可形成花芽。一般新茎分枝多，分化的顶花芽就多。

在花芽的形成条件中，低温比短日照更为重要。短日照条件下17～24℃也能进行花芽分化，而30℃以上，花芽停止分化。但温度低于5℃，花芽分化停止，植株进入休眠状态。在夏季高温和长日照的条件下，只有四季草莓才能分化花芽，而一般草莓多在9月或更晚开始花芽分化。生产上可采取断根处理、营养钵育苗、低温处理、遮光处理以及短日照处理等措施促进花芽分化。

（三）草莓对环境条件的要求

1. 温度

草莓对温度的适应性比较强，但喜凉爽，不耐热。草莓不同器官的生长发育对温度要求不同，在不同生长阶段对温度要求也有差异。

草莓根系在土温达2℃时根开始活动，10℃时开始生长，15～20℃根系生长最快，23℃以上根系生长受到抑制，超过35℃根系死亡。秋季当土温降至5℃以下时，开始进入休眠，当温度降至-8℃时，根系发生冻害，低于-12℃时，根系会被冻死。

草莓地上部在气温达5℃时开始生长，生长最适温度为20～25℃。30℃以上光合作用受到抑制，叶片出现日灼。15℃以下光合作用减弱，10℃以下生长不良。生长期间如遇-7℃低温，地上部即遭受冻害，-10℃以下时，植株会冻死。

草莓花芽分化适宜温度为10～17℃，高于30℃或低于5℃时，花芽分化受到抑制。草莓开花期适宜温度为25～28℃。超过28℃，花粉发芽受到影响，当温度低于0℃或高于40℃时，对授粉受精产生不良影响，导致畸形果。果实成熟期最适温度，白天24℃、夜间15℃。温度过高，果实提前成熟，果个变小，影响果实品质；温度低，果个虽能增大，但会推迟成熟期，上市较晚。

2. **光照**

草莓是喜光植物，但又比较耐阴，在轻度遮阴的条件下其结果良好。其光饱和点为20 000～30 000 klx，光照强时，植株低矮粗壮，果实含糖量高，香味浓；光照不足，叶片薄，叶柄、花柄长，果个小，味酸、品质差。

3. **水分**

草莓根系分布浅，植株小而叶片大，蒸发面积大，对水分的要求较高。苗期缺水，阻碍茎、叶的正常生长；开花期缺水会使花期缩短，不利于授粉受精；结果期缺水，影响果实的膨大发育，严重地降低产量和质量，但果实接近成熟时又要适当控水，否则易引起果实霉烂；草莓繁殖圃地缺水，匍匐茎发出后扎根困难，明显降低出苗率。另一方面草莓又不耐涝，不仅需要土壤中有适当的水分，还要求有足够的空气。长时期积水会影响植株的正常生长，降低抗寒性，严重时会使植株窒息死亡。因此，雨季应注意排水。现蕾至开花期土壤水分供应要充足，以田间持水量70%为宜，果实膨大期应保持在80%左右。另外，草莓花期空气湿度不能太大，一般以空气相对湿度40%～60%为好，超过80%会影响花药开裂与授粉，畸形果增多。

4. **土壤**

草莓对土壤适应性强。但要达到高产，必须栽植在疏松、肥沃、透水、通气良好的土壤中。草莓适于在地下水位不高于80～100 cm，pH 5.6～6.5的土壤中生长。沼泽地、盐碱地、石灰土、黏土和沙土不经改良都不适宜栽植草莓。

草莓一般不宜连作，否则易造成土传病虫害发生严重。如需连作，则应对土壤进行消毒，土壤消毒可用1%的甲醛溶液或0.5%高锰酸钾溶液喷洒土壤，也可用氯化苦、溴甲烷等气体在棚内熏蒸。

四、设施草莓栽培管理

（一）栽培方式

1. 促成栽培

促成栽培是指人为创造低温、短日照条件，促使草莓提早进行花芽分化，提前定植，提早上市；或在草莓尚未进入休眠期，低温来临之前开始保温，使其连续开花结果。一般采用人工智能温室、日光温室、保温塑料大棚等设施，进行草莓的促成栽培，果实可在11月份上市，收获时间能延长至翌年5~6月，产量高，经济效益好。北方地区使用日光温室栽培。促成栽培生产实际中，一般采用需冷量低的品种（5℃以下低温积累50~150h）。

2. 半促成栽培

半促成栽培是指采用钢架塑料大棚、竹木结构拱棚栽培，草莓果实上市时间较促成栽培晚，一般在春节后上市。草莓在自然条件下进行花芽分化，并满足低温需求，在自然休眠解除后，再提供生长发育需要的环境条件，提前开花结果上市。采用此种栽培形式，一般选用需冷量较少的品种（5℃以下低温积累200~750h）。如用需冷量低的品种，开始保温时间可早一些；若使用需冷量稍大的品种，则开始保温时间要晚一些。适宜半促成栽培的草莓品种有达赛莱克特、草莓王子、丽红、土特拉、爱尔桑塔、宝交早生等。

3. 简易设施栽培

简易设施栽培一般指采用小拱棚或地膜覆盖栽培，较露地提早上市，可调节集中上市的矛盾，是上市较晚的栽培形式。简易设施栽培形式，可选用需冷量较多的品种（5℃以下低温积累800 h以上）。

4. 抑制栽培

在草莓花芽分化后，采用冷藏秧苗的办法，使其停止生长，延长休眠期，使草莓收获期相对延迟的栽培方式。原则上所有草莓品种均可进行抑制栽培，因抑制栽培的时间不同，品种对抑制栽培的适宜程度有差异。

（二）定植

1. 园地选择

应选背风向阳、渗透性好、pH5. 5~6. 5的平坦肥沃土地，有灌水条件或有深井汲水条件。日光温室方位角以面向正南为最佳，偏东西方向角度越小越好。

2. 定植前准备

（1）土壤消毒

采用太阳热能消毒的方式，具体的操作方法是：将土壤深翻，灌透水，土壤表面覆盖地膜或旧棚膜。为了提高消毒效果，建议在覆盖地膜或旧棚膜的同时扣棚膜，密封棚室。土壤太阳热消毒在 7、8 月份进行，时间至少为 40 d。

（2）整地施肥

先将上茬作物根、草根铲除净，然后浅翻 20～30 cm 将地整平。每 667 m^2 施腐熟农家肥 3000～5000 kg，磷酸二铵或复合肥 30～40 kg、钾肥 15～20 kg。

3. 栽植

（1）栽植密度与方式

采用大垄双行的栽培方式，垄台高 30 cm，上宽 50～60 cm，下宽 70～80 cm，垄沟宽 20 cm。株距 15～18 cm，小行距 30～35 cm，每 667 m^2 定植 8000～10 000 株。

（2）栽植时期

在华北地区可分为花芽分化前的 8 月上、中旬和花芽分化后的 10 月上旬两个定植时期。冀北承德地区一般是在 8 月至 9 月定植。花芽分化前定植既不能过早，也不能过晚。过早，气温高，苗木成活率低，苗长得弱；过晚，则到花芽分化期生长时间短，秧苗不壮，花芽分化会受到影响。

（3）栽植方法

栽苗时，将苗的弓背向沟道一侧，使花序着生在同一方向，栽植数量为 1 穴 1 株，栽植深度以“上不埋心，下不露根”为宜。栽后要使土壤保持湿润状态，山地砂质壤土可灌一次透水（返青期），但在上棚膜前 10 d 或排水较差的土壤（包括平地），一定不能漫灌。苗返青后，要及时锄草松土，并喷布多菌灵 500～600 倍液，或甲基托布津 800～1000 倍液，喷布要均匀周到，上棚升温前，要喷药 2～3 次。

（三）定植后管理

1. 定植后至扣棚前的植株管理

定植后至扣棚升温前，植株将会继续完成顶芽分化，并开始第一腋花芽分化。因此，应控制植株旺盛生长，以植株横向加粗生长为主。控制旺长，一是要控制肥水，少施或不施氮肥，浇水只要保持地表湿润即可；二是温度过高时，用遮阳网或草帘遮阳，即可降低温度，又能缩短日照时间，可促进植株花芽分化。

2. 扣棚时间的确定

在草莓第一腋花芽分化以后，而且外界最低气温已降到5~7℃时，是草莓促成栽培扣棚保温的最佳时期。承德地区在10月中旬。扣棚后温室内夜间气温再次降到5~7℃时，就要开始在夜间覆盖草帘保温。

3. 扣棚后至开花前的植株管理

（1）覆盖地膜

扣棚后应及时覆盖地膜，一般要求在扣棚10 d后至顶花序现蕾前完成。在覆膜前，先要清除老叶和病叶，然后埋设并调试好滴灌设施。

（2）赤霉素处理

赤霉素有促进草莓生长、打破休眠和促进成熟的作用。喷赤霉素时间可在保温后至花蕾出现30%之前喷2次：第一次用1 g赤霉素加水90 kg；间隔10 d后进行第二次喷施，1 g赤霉素加水180 kg。喷施时重点喷心叶，喷雾要细匀，喷施后把室温略为提高，促使顶花芽提前开花。喷施赤霉素时一定要掌握准时间，喷施过早，会把腋花芽变成匍匐茎；喷施过晚，起不到促进开花作用，只能促进叶柄生长。尤其注意不能超量喷施。

4. 温室内环境调控

（1）棚室温度管理

北方日光温室覆盖棚膜是在外界最低气温降到8~10℃的时候。日光温室草莓从萌芽开始至第一茬果上市，生长期需要75~80 d，营养生长期适温为30℃左右，开花期22~25℃，采果期20~25℃，各阶段夜间温度不能低于6℃。

（2）棚室湿度管理

整个生长期都要尽可能降低棚室内的湿度。生长期空气湿度过大容易感染病害；开花结果期湿度过大，影响受精，容易产生畸形果和发生病虫害。要求盛花期一般不宜浇水。若花期湿度过大，中午时要及时换气排湿。空气相对湿度应保持在50%左右。果实膨大期和成熟期空气湿度应保持在60%~70%。

（3）光照调节

草莓虽然喜光，但属于短日照植物。草莓在苗期和结果期对光照没有严格要求。从光合作用角度讲，日照时间越长越好。但草莓在花芽分化期间对日照长度有严格要求，这个时期日照在12 h以下、8 h以上最好。温室草莓覆膜后花芽分化基本结束，初冬季节光照不足，可采用电照补光措施，在前坡后1/3处每2 m垂一个60 kW · h白炽灯，距地面1. 5 m，盖帘后照至22时即可。

5. 水肥管理

（1）水分管理

地膜覆盖前充分灌足水，在生长和结果前期一般很少灌水。

此期若浇水过多，则会因为空气湿度大而引发病虫害，尤其是花期湿度过大，还会影响授粉受精，并产生畸形果。开花坐果后，果实迅速膨大，需水量增多，可适当加大灌水量，一般可 10 d 左右浇一次透水。温室内浇水时，不能采取大水漫灌，而要采取膜下灌溉或膜下滴灌的方式，做到“湿而不涝，干而不旱”。判定植株是否缺水，应以叶片的“吐水”现象为标准。若早晨草莓叶缘锯齿上有一圈水滴泌溢出来，则表示植株不缺水；否则，需要补充水分。

（2）施肥管理

草莓从移栽进温室到开始结果，生长期很短，需要养分很多，基肥以腐熟的有机肥为主，配施氮、磷、钾复合肥；除施足底肥外，还要通过地下追肥和叶面施肥予以补充。

基肥。一般每 667 m^2 施农家肥 3000 kg 及氮、磷、钾复合肥 50 kg 作为基肥，基肥占总施肥量的 75%～80%。

追肥。日光温室草莓生长发育几个关键时期的追肥：第一次顶花序现蕾期，覆盖地膜后及时进行叶面喷肥，促进植株健壮生长和顶花序提早现蕾。此期若植株长势较弱，可喷施尿素 200～300 倍液；若植株生长较旺，可喷施磷酸二氢钾 300 倍液。此期还可喷施硼酸 300 倍液，用以提高坐果率及大果率。第二次顶花序转白膨大期，以氮、磷、钾肥料混合施用，此期应加大追肥量，一般半月追施 1 次，每 667 m^2 追施磷酸二铵 10 kg 混加硫酸钾 7 kg，也可追施草莓复合肥。第三次顶花序果采收至腋花序果实发育期，以磷、钾肥为主。一般 15～20 d 追肥一次。追肥与灌水结合进行。肥料中氮、磷、钾配合，液肥浓度以 0. 2%～0. 4%为宜。

微量元素。适时叶面喷施硼、钙等微量元素，提高果实的韧性及硬度，增强果实的耐贮运能力及外观品质。

6. 花期至成熟期的管理

花期不宜喷施叶面肥和农药，若发现病虫害，可使用烟雾剂进行熏蒸治疗。

（1）花果管理

授粉。草莓属于自花授粉，如能人工补充授粉，果个增大，畸形果减少，可进一步提高产量。补充授粉方式有三种：①品种搭配授粉，一个温室可栽 2～3 个品种，互相授粉；②人工辅助授粉，在开花旺季，可利用放风、人工点授、用扇等借助外力授粉；③养蜜蜂授粉。每 666. 7 m^2 地可养 1 箱蜂，利用蜜蜂授粉时，打药时将蜂箱搬出来，以防药害，并在放风口加遮纱网，防止蜜蜂飞走。

疏花疏果。疏花时先疏掉高级次的小花和弱花，然后在疏果时再疏掉小果、病果、畸形果，一般每个花序可保留 6~12 个果。

果下垫草。果实膨大后逐渐下垂在地面上，容易造成果面不卫生或地下害虫咬果与烂果。在草莓结果期将梳理好的稻草或者芦苇、山草等 4~5 棵平铺在花下，用来托果。

（2）植株管理

一是摘除匍匐茎和老叶，每天要巡视检查，发现长出的匍匐茎和衰老叶、病害叶要随时摘除，功能叶每株留 10~12 个，防止消耗养分，也有利于通风透光；二是掰芽，在顶花序抽出后，选留两个方位好而壮的腋芽保留，其余掰掉；三是去花茎，采果后的花序要及时去掉。

第三节　其他水果种植

一、梨生产技术

梨原产于我国，除海南省外全国各地都有栽培，在国内仅次于苹果与柑橘。

（一）梨园建立

1. 园地选择

梨园应选择较冷凉干燥，有灌溉条件交通方便的地方，梨树对土壤适应性强，以土层深厚，土壤疏松肥沃、透水和保水性强的沙质壤土最好。山地、丘陵、平原、河滩地都可栽植梨树，山区、丘陵以选向阳背风处最好。山地、丘陵梨园沿等高线栽植，定植前必须对定植行进行深翻改土，做好水土保持工程后再栽苗。

2. 授粉树配置

梨大多数品种自花不实，必须配置其他品种作授粉树，授粉品种应选择与主栽品种亲和力强、花期相同或相近、花粉量多、发芽率高，并与主栽品种互为授粉的优质丰产品种，1 个主栽品种宜配 1~2 个授粉品种，比例为（3~4）：1。

3. 苗木定植

（1）定植时期

一般秋季 10 月定植最好，也可在春季梨苗萌芽前定植。

（2）栽植密度

采用高密度或超高密度乔砧密植。株行距（1~2）m×（3~3.5）m或（0.4~0.5）m×（3~4）m，亩栽111~555株。一般早中熟品种栽植密度大于晚熟品种。

（3）苗木准备

选用苗高1 m以上，干径1 cm以上，嫁接口愈合良好，根系发达，无病虫害优质壮苗，苗木根系注意保湿。

（4）定植

在改土后定植行上挖穴，将苗木根系舒展均匀放于坑中，然后回填细表土，边填土边提苗，再踏实，使根系与土壤接触紧密，使嫁接口与土面水平，灌足定根水，待水渗下后，再盖一层干细土，用黑色塑料薄膜或稻草覆盖保湿。

（二）梨树周年管理技术

1. 休眠期

①制订果园管理计划。准备肥料、农药及工具等生产资料，组织技术培训。②病虫害防治。刮树皮，树干涂白。清理果园残留病叶、病果、病虫枯枝，集中烧毁。③全园冬季整形修剪。早春喷布防护剂等防止幼树抽条。

2. 萌芽期

做好幼树越冬的后期保护管理。新定植的幼树定干、刻芽、抹芽。根基覆地膜增温保湿。

全园顶凌刨园耙地，修筑树盘。中耕、除草。生草园准备播种工作。

及时灌水和追施速效氮肥。宜使用腐熟的有机肥水（人粪尿或沼肥）结合速效氮肥施用，满足开花坐果需要，施肥量占全年20%左右。按每667 m^2定产2000 kg，每产100 kg果实应施入氮0.8 kg，五氧化二磷0.6 kg、氧化钾0.8 kg的要求，每667 m^2施猪粪400 kg，尿素4 kg，猪粪加4倍水稀释后施用，施后全园春灌。

芽鳞片松动露白时全园喷1次铲除剂，可选用3~5波美度石硫合剂或45%晶体石硫合剂。梨大食心虫、梨木虱为害严重的梨园，可加放10%吡虫啉可湿性粉剂2000倍液消灭越冬和出蛰早期的害虫及防治梨大食心虫转芽。在根部病害和缺素症的梨园，挖根检查，发现病树，及时施农抗120或多种微量元素。在树基培土、地面喷雾或树干涂抹药环等阻止多种害虫出土、上树。

花前复剪。去除过多的花芽（序）和衰弱花枝。

3. 开花期

①注意梨开花期当地天气预报。采用灌水、熏烟等办法预防花期霜冻。②据田间调查与

预测预报及时防治病虫害。喷1次20%氧戊菊酯乳油3000倍液或10%吡虫啉可湿性粉剂2000倍液，防治梨蚜、梨木虱。剪除梨黑星病梢，摘梨大食心虫、梨实蜂虫果，利用灯光诱杀或人工捕捉金龟子、梨茎蜂等害虫。悬挂性诱捕器或糖醋罐，测报和诱杀梨小食心虫。落花后喷80%代森锰锌可湿性粉剂800倍液防治黑星病。梨木虱、梨实蜂严重的梨园加喷10%吡虫啉可湿性粉剂1000~1500倍液。③花期放蜂、喷硼砂、人工授粉、疏花疏果。

4. 新梢生长与幼果膨大期

生长季节可选用异菌脲可湿性粉剂1000~1500倍液等防治黑星病、锈病、黑斑病。选用10%吡虫啉可湿性粉剂2000倍液或苏云金芽孢杆菌、浏阳霉素等防治蛾类及其他害虫。及时剪除梨茎蜂虫梢和梨实蜂、梨大食心虫等虫果，人工捕杀金龟子。

果实套袋。在谢花后15~20 d，喷施1次腐殖酸钙或氨基酸钙，在喷钙后2~3 d集中喷1次杀菌剂与杀虫剂的混合液，药液干后立即套袋。

土肥水管理。树体进入“亮叶期”后施肥，土施腐熟有机肥水（人粪尿或沼液等）或速效氮肥，适当补充钾肥（如草木灰等），其用量为猪粪1000 kg、尿素6 kg、硫酸钾20 kg，并灌水。并根据需要进行叶面补肥。同时，进行中耕锄草，割、压绿肥，树盘覆草。

夏季修剪。抹芽、摘心、剪梢、环割或环剥等调节营养分配，促进坐果、果实发育与花芽分化。

5. 果实成熟与采收期

①红色梨品种。摘袋透光，摘叶、转果等促进着色；②防治病虫害，促进果实发育。喷异菌脲可湿性粉剂1000~1500倍液，同时混合代森锰锌可湿性粉剂800倍液等。果面艳丽、糖度高的品种采前注意防御鸟害；③叶面喷沼液等氮肥或磷酸二氢钾。采前适度控水，促进着色和成熟，提高梨果品质。采前30 d停止土壤追肥，采前20 d停止根外追肥；④果实分批采收。及时分级、包装与运销。清除杂草，准备秋施基肥，

6. 采收后至落叶

①土壤改良，扩穴深翻，秋施基肥。每亩秋施秸秆2000 kg、猪粪600 kg、钙镁磷肥30 kg，加适量速效肥和一些微肥。土壤封前灌一次透水，促进树体安全越冬。②幼旺树要及时控制贪青生长。促进枝条成熟，提高越冬抗寒力。③叶面喷布5%菌毒清水剂600倍液加40%乐斯本乳油1000倍液加0.5%尿素等保护功能叶片。树干绑草诱集扑杀越冬害虫。落叶后扫除落叶、杂草、枯枝、病腐落果等深埋或烧毁。树干涂白。

二、菠萝生产技术

（一）种苗繁殖

1. 芽体繁殖

利用老熟菠萝粗壮的顶芽、托芽和吸芽，通过假植培育后作种苗。

2. 组织培养繁殖

菠萝组织培养苗一般由专业机构进行培育。组织培养苗适应性强、生长快速、成熟整齐、品质较好。

（二）建园栽植

1. 园地选择

园地应选择缓坡丘陵山地，排水良好，pH 值为 4.5~5.5 疏松的酸性土，坡向以西南向为佳，东向次之。

2. 种植季节

华南全年均可定植，5~8 月是定植的主要季节，充分利用采果后摘下的各种芽体作种苗，且此时各种芽体老熟，高温多湿的气候也适宜定植后的幼苗生根和新叶生长。

3. 整地施基肥

（1）耕翻

全园深翻 20~30cm，多犁少耙，保持泥团直径 5~8cm 大小的块状，有利于菠萝根系生长良好；土壤过碎，泥土易板结，大雨时泥土溅积到植株心部，妨碍植株新叶的生长发育。

（2）整畦

方式有平畦、垄畦和浅沟畦三种。畦面宽度 1.0~1.5 m；畦沟宽 0.3~0.4 m、深 0.2~0.25 m。不易保水的沙地可开宽度 1.0 m、深 0.30~0.35 m 的浅沟畦。要求选留一定面积土地作育苗地。

（3）施基肥

整畦时施基肥，施猪牛粪等优质有机肥 20 000~25 000 kg/h m^2，过磷酸钙 750 kg/h m^2，麸肥 750 kg/h m^2，石灰 1000 kg/h m^2，肥土混匀。

4. 栽植技术

（1）定植方式

可选用双行、3 行和宽窄畦 4 行三种方式。

（2）定植密度

卡因品种植 45 000~60 000 株/h m^2；菲律宾种植 60 000~75 000 株/h m^2；肥水充足时，密度大，单位面积产量高，但单果重则下降，抽蕾期、成熟期也晚半个月左右；小行距30~35 cm，株距 20~30 cm。

（3）种植方法

种苗要分级分地段种植，中等大小的种苗要健壮，叶肥厚浓绿，叶数 8~12 片。深耕浅种，以生长点不入土为原则，以免泥土溅入株心。生产上一般按顶芽入土 3~4 cm，吸芽入土 4~5 cm，大吸芽入土 6~8 cm 进行浅种；入土后小苗要扶正压实。种后 0~40 d 要查苗补苗。种苗要分级分地段种植，中等大小的种苗要健壮，叶肥厚浓绿，叶数 8~12 片。

（三）土壤耕作与管理技术

1. 除草

新开垦的菠萝园，杂草还比较多，一般 1 年除草 4 次左右，第 1 次在 3~4 月进行，浅锄轻铲；第 2 次除草在 5~6 月进行；第 3 次除草在正造果采收后即 7~8 月结合施重肥进行；第 4 次除草在秋冬季进行。

已投产 1 年的菠萝地除草可减少至每年 2 次，1 次在 5—6 月，另 1 次在秋冬季。但行间和畦面上的零星杂草每月至少拔除 1 次，以免杂草结籽散落在畦面和行间，造成危害。

2. 培土

生长期间的培土，一般在雨后和采果后进行。采果后培土高度要盖过吸芽的基部。防止因雨水冲刷，导致一些根系裸露，使植株早衰和结果后倒伏。在雨后进行轻培土，即将被雨水冲到畦沟的表土培上畦面，盖住裸露的根系。被冲塌的叠畦壁，也应立即修复，等高畦内沟在雨季必须挖通，避免渍水造成菠萝烂根，导致凋萎或心腐。

（四）采收与分级

1. 采收标准

菠萝果实在成熟过程中，果皮由绿色逐渐转变成草绿色，再转变成成熟时所特有的黄色或橙黄色，有光泽；果肉颜色由白色逐渐转变成淡黄色或黄色，并呈半透明状；果肉逐渐由硬变软，果汁明显增加，糖分提高，并具有浓郁的香味时可采收。

2. **采收方法**

雨天不宜采果；鲜销果采收时用利刀割断果柄（果柄保留长度2~3cm），顶芽是否保留则根据销售要求有所选择，收割时用利刀割断果柄，留果柄长2~3cm，除净托芽及苞片。

根据销售要求留顶芽或不留顶芽。不留顶芽，平果顶削去顶芽。采果时要轻采轻放，尽量避免机械损伤。采后要及时调运，如运输不及而暂时堆放，果不宜堆叠过高，以免压伤，上面要用树叶或杂草覆盖，以预防夏季烈日灼伤或冬季冻害。

3. **分级**

通常按品种、成熟度、果实大小分级。按成熟度可分成加工用、近地鲜销用和远运鲜销用三种；按果实大小分级。

三、柑橘生产技术

（一）嫁接育苗

1. **常用砧木品种**

有枳、红橘、香橙、酸橙、甜橙和酸柚等。

2. **常用嫁接方法**

春季采用单芽切接或小芽腹接法；秋季采用单芽枝腹接，嫁接成活率较高。

（二）建园种植

1. **整理**

（1）园地选择

选水源充足又无山洪冲刷或积水的丘陵山地，坡度应在25°以下，土层深厚、心土结构松软、易透水、透气的沙土壤为佳。若土壤理化性状较差应进行改土。

（2）因地制宜

划分小区，并合理设计园间道路、作业道及排洪系统、防护林的营造、建筑物的安排等进行科学配置规划。

（3）修筑梯田

为保持水土，同时便于管理操作，必须修筑等高水平梯田。梯田的宽度应根据山坡度而定，如20°~25°的台面宽应在3.5~4 m，坡度越小，台面越宽。

2. 定植

(1) 选苗木

要选经过嫁接的一年生良种壮苗，并尽可能带土移植，适当修剪过多的树冠枝条。

(2) 挖定植穴

在定植前 3 个月挖定植穴、深宽 0. 8m×0. 6m，每穴 50~100 kg 禽畜粪，杂草青料并加 0. 5~1 kg 石灰，与心土拌匀后回填入穴；为防下沉，回填土应比土面高 10~20 cm。

(3) 适时定植

定植最适时期为春季 2~3 月春梢尚未抽发之时。灌水方便的果园，也可在晚秋定植，有利于次年早发。柑橘栽植株行距离依种类品种（系）、砧木、地势、土壤及气候等不同而异。柚类最宽，甜橙次之，宽皮柑橘、柠檬较窄，佛手、金橘最窄。一般丘陵山地土壤瘠薄宜窄，冲积地、平坝地要宽。根据各地栽培经验，各种柑橘每 667 m^2 栽植株数大约如下：柚子 30~40 株（行株距 4 m×4 m 或 5 m×4 m），宽皮柑橘、甜橙 40~60 株（行株距 4 m×4 m 或 3 m×4 m），柠檬 60~80 株（行株距 3 m×4 m）。

(4) 定植方法

在准备好的定植穴开深 5~10 cm 的定植穴，放入苗后覆土、松紧适度，勿过紧过松。苗木不能直接栽在肥料上，避免根系与肥接触而“烧”根。

(5) 定植后管理

定植后灌足定根水，并立支架以防大风摇动影响成活，并做好树盘覆盖以保湿。定植后 20~30 d 恢复生长，每半个月施稀薄的腐熟人粪尿 1 次，以促生长，并经常防治病虫害，统一放梢，培养良好树冠。

（三）幼龄树管理

1. 整形修剪

(1) 苗木剪顶定干方法

在夏季新梢老熟后，离地面 20~25 cm 处剪顶使其分生主枝；培养矮干多分枝苗木。

(2) 抹芽控梢方法

在剪顶后新梢萌芽时开始抹除零星早发的新梢，至每株有 5~6 芽梢时停止抹芽。待新梢长至 5~8 cm 时选留生长健壮、分布均匀的新梢 3~4 个作为主枝，其余都抹掉。主枝长过 18 cm 时短截，让其发新梢，以后依次类推，逐渐培养成圆头形丰产树冠。

2. 土壤管理

(1) 进行深翻，扩穴

增施有机肥料，如垃圾、作物秸秆及禽畜粪等；幼龄期于行间套种豆科等绿肥作物，并在适当时期将绿肥、秸秆开沟压埋。加快土壤熟化进程，创造有利于柑橘生长的水、肥、气、热条件。

(2) 树盘

除用绿肥外，还可用作物秸秆、树叶等材料覆盖树盘，可起到保湿、稳定地温、增加有机质等作用。

3. 水肥管理

(1) 灌水

南方秋冬易发生干旱。当田间持水量达50%以下时便需灌水，可以采取沟灌浸润或全园漫灌或树盘灌水等方法。有条件可建喷灌设施，既节水又增效。

(2) 施肥

幼龄树以促进生长扩大树冠为目标，应以施氮肥为主，并以少量多次施肥为好。1~3年生的施肥量，年均每株可施纯氮0.2~0.5 kg，从少到多逐步提高。施用时间可掌握在每次新梢抽发之前。

(四) 结果树管理

1. 树体修剪

春、夏、秋三季都可以进行修剪。常用的修剪方法有短截、疏剪、缩剪、抹芽放梢、疏芽疏梢、拉线整形、摘心、环割环剥、疏花疏果等。具体要求如下所述：

(1) 根据生长结果习性进行修剪

一般树势强，直立的品种，多在树冠上部外围结果，故除修剪内部过密的细弱枝外，树冠外围的枝条应少剪；树势稍弱，树冠内外枝条均可结果的品种（如美国脐橙），以短果枝结果较高，故修剪宜轻，一般以短截为主，以促发较多粗壮短枝（结果母枝）。

(2) 按不同枝梢生长结果特性修剪

春梢：生长好的可成为翌年结果母枝或夏秋梢基枝。故修剪应去弱留强，去密留匀。

夏梢：徒长性较强，扰乱树型，且抽发太多会加重生理落果，故应抹除或长至15~20 cm时短截，使之抽生2~3枝秋梢成为结果母枝。

秋梢：生长充实，成为结果母枝百分率高，故不加修剪，但过密者应疏除一部分。

冬梢：生长不充实徒耗养分，应及早抹除。

（3）根据植株树势和结果情况采取不同修剪法

对生长正常的稳产树，修剪程度要轻，仅剪除病虫害枝，交叉荫蔽枝，适当控制夏秋梢数量。大龄树，因其结果多，夏秋梢抽生少，则修剪宜轻，采用以删除为主结合短截的方法，培养生长良好的春夏秋梢成为翌年结果母枝；对小龄树，由于结果少树势强，各次梢都较粗壮，故修剪应较重，采用短截结合疏删，减少翌年的花量，为翌年丰产打下基础。

（4）环割环剥

环割是用利刀呈环状切破枝、干皮层的技术。环剥是用刀在枝干上环切两刀，将两刀口之间的树皮剥去，露出木质部，以暂时中断有机物质向下输送，减少供给根系的营养。在柑橘生产上应用环割环剥技术，主要作用有以下三种：①秋季（8月下旬至9月中旬）环割促进花芽分化；②花期（初花期至谢花期）环割或环剥减少落花落果，提高坐果率；③夏季环割或环剥促进果实转色，提高含糖量和可溶性固形物，降低含酸量，增进品质。环割圈数为1~3圈，环剥宽度为0.2~0.5 cm。主要处理对象是生长势强，无花或少花，落花落果严重而低产的品种品系、幼旺树和初结果树。

2. 水肥管理

（1）以有机肥为主，化肥为辅

其比例以3∶1为适当。要根据柑橘生长结果的需要和各种肥料的性质，合理搭配使用。一般柑橘对氮磷钾三要素需要量的比例为1∶0.5∶0.7。此外还应补充缺乏的微量元素。

（2）施肥时期和施肥量

成年结果树栽培目的在于促进多抽梢，多结果，并保持梢果平衡，达到丰产优质。施肥主要抓四个时期。①春芽萌发期施用促梢壮花肥，以氮肥为主，配合磷、钾肥，施用量占全年20%，具体是每667 m^2 人粪尿1 500 kg，尿素7.5 kg。②幼果生长期施保果肥，以氮为主，配合磷肥，占全年施肥量10%。③秋梢期施壮梢壮果肥：以速效与迟效肥结合，即每667 m^2 施优质人粪尿1500~2000 kg，加腐熟饼肥50 kg，加尿素10 kg。肥量占全年35%，在新梢自剪后，根外追肥2次。④采果前后施基肥，仍以速效与迟效肥结合，肥量占全年35%。以厩肥计算，每667 m^2 施3000~4000 kg，并结合施石灰50~100 kg。

（3）采收

柑橘宜适期采收，否则，不仅影响当年产量，果实的品质、耐性及抗病性，也影响树势恢复、花芽分化和翌年的产量。

柑橘过早采收的不良影响有：果实品质差。果实的转色成熟过程是着色、增糖降酸的过程。若采收过早，必然是果小，着色不良，果汁中糖少酸多，风味酸淡。把未熟果作为商品销售，会严重影响信誉。其次是产量降低。因果实成熟前，果重仍在继续增加，过早采收会影响单果重而减产。

柑橘过迟采收，也会带来不良影响：降低品质。温州蜜柑、红橘等，过迟采收，果实过分成熟，容易造成浮皮果（发泡），风味变淡；不耐贮运。甜橙过分成熟，易发生油斑病，果肉组织松软，易腐烂，不耐贮运；其次是增加落果。果实过分成熟，果柄形成离层，会增加采前落果而减产。另外还会影响翌年产量。过迟采收，会影响树势的恢复和花芽的形成，导致翌年减产。

柑橘果皮的油胞层是保护层，组织脆嫩，容易受机械损伤，破坏油胞层，容易遭受绿霉病、蒂腐病、黑腐病等病菌侵入，导致果实腐烂，降低贮藏和运输性能，会造成重大经济损失。因此，必须进行细致采收。

第三章　蔬菜种植技术

第一节　蔬菜定植和管理

一、整地、施肥、作畦

（一）整地

整地的主要目标是平，即整片地块或分段地块要基本整平，并规划做好灌溉水渠，多雨地区（或季节）还要留好排水沟。对初次作业或难以整平的地块，可挂线用水平仪测量后进行整治，有经验的人亦可仔细目测后平整。目测时可先蹲到地块的一端仔细观测比较眼前与远方（地块的另一端）哪头高哪头低，然后走到另一端也蹲下观测比较，如果感觉上两头观察的结果一致，说明这块地段基本平展。如果从两端观察比较后，感觉不一致，说明存在一端高另一端低的现象，应进一步整治，直至整平为止。这里需进一步强调，作畦（或作垄）前必须把地块尽量整平，否则，作畦或作垄时也难以平作好。

（二）施肥

1. 蔬菜生产的施肥原则

以有机肥为主，辅以其他肥料；以多元复合肥为主，单元素肥料为辅；以施基肥为主，追肥为辅。尽量限制化肥的施用，如确实需要，可以有限度有选择地施用部分化肥。

2. 施肥期

蔬菜施肥可大体划分为两大时期：一是播种或定植前施用基肥供全生长期的需要；二是生长期间进行分期追肥，以补充蔬菜不同生长时期的需要。追肥的时期，以萝卜等为代表的二年生蔬菜，重点追肥期应当在叶片充分长大和产品器官膨大前。一年生茄果类、瓜类等蔬菜由于生长和发育并进，定植后对养分的吸收不断增加，应多次分期追肥。

3. 施肥方法

（1）基肥

用作基肥的肥料种类主要是有机肥、迟效态的化学肥料和部分速效态的化肥。有机肥的用量比较大，一般露地栽培45 m^3/h m^2 以上，设施栽培90 m^3/h m^2 以上。有机肥施用前必须充分腐熟。

基肥有普遍、集中和分层三种施肥法。普遍施肥是结合深耕将肥料一次施入。肥料不足时，应集中施肥，将肥料集中施在播种行一侧，或在播种或定植前将肥料施在种植穴内。分层施肥是结合深耕深翻，把大量的退效性肥料施在土壤底层和中层，播种前或播种时把少量的速效性肥料施在土壤表层，做到各层土壤中的养分均匀分布。

（2）追肥

追肥多为速效性的化肥和腐熟良好的有机肥（如饼肥、人粪尿等）。追肥量可根据基肥的多少、作物营养特性及土壤肥力的高低等确定。

追肥方法主要有地下施肥（在蔬菜周围开沟或开穴，将肥料施入后覆土）、地面撒施（撒施于蔬菜行间并进行灌水）和随水冲施（将肥料先溶解于水，随灌溉施入根区）三种。

（3）根外追肥

是将化学肥料配成一定浓度的溶液，喷施于叶片上。具有操作简便、用肥经济、作物吸收快等特点。用于根外追肥的肥料主要有尿素、磷酸二氢钾、复合肥以及所有可溶性微肥。根外追肥的浓度因肥料种类而异，浓度过低肥效不明显，过高易造成叶片烧伤。

根外追肥的肥料种类、浓度及方法：①氮肥。萝卜、大白菜、结球甘蓝、南瓜、菠菜、茄子与马铃薯等用1%的尿素；番茄、黄瓜等用0.2%～0.3%的尿素。②磷肥。用浸泡24h的1%～2%的过磷酸钙上清液喷布。③钾肥。用浸泡2h的1%草木灰上清液喷布；用氯化钾以0.5%～1%溶液喷布。④微量元素。硼、铜、钴、镁、锌等以0.01%～0.05%溶液喷布。⑤复合肥。含氮、磷、钾各15%的复合肥用0.2%浓度的溶液喷布。高温干燥天气喷肥易造成叶片伤害，喷后遇雨又易将肥料冲掉。因此，根外追肥最好在无风的晴天进行。一天中的傍晚和早晨露水刚干时喷肥最好。

（三）作畦

1. 菜畦主要类型

栽培畦的形式依气候条件、土壤条件及作物种类等而异。菜畦主要有平畦、高畦、低畦和垄几种形式。

（1）平畦

畦面与地面相平的畦。畦的长度和宽度根据地形、地势、灌溉设施、整地质量及蔬菜种类决定。地面平坦，灌溉效率高，栽培绿叶蔬菜、部分白菜类、葱蒜类蔬菜（培土大葱除外）、矮生菜豆等。菜畦可适当延长或加宽，以减少畦埋，提高土地利用率。栽培搭架的果菜类蔬菜，畦的宽度应考虑有利于合理密植及防病。平畦适宜于排水良好，雨量均匀，不需经常灌溉的地区。栽培宜密植且需经常灌溉的绿叶蔬菜和小型根菜类蔬菜以及育苗，也宜用平畦。采用喷灌、滴灌、渗灌等现代灌溉方式时也可采用平畦。

（2）低畦

畦面低于畦间通道，有利于蓄水和灌溉。适宜于地下水位低、排水良好、气候干燥的地区或季节。栽培密度大且需经常灌溉的绿叶蔬菜、小型根菜、蔬菜育苗畦等，也基本都用低畦。低畦的缺点是灌水后地面容易板结，影响土壤透气而阻碍蔬菜生长，也容易通过流水传播病害。

低畦有顶水畦、跑水畦和四平畦三种形式。顶水畦的进水口略低于出水口，灌水时水的流速较慢，便于对蔬菜大量灌水；跑水畦的进水口略高于出水口，灌水流速较快，适于要求灌水量不大的蔬菜或栽培季节；四平畦的进水口与出水口相平，灌水流速介于顶水畦与跑水畦之间。

（3）高畦

畦面高于畦间通道。北方干旱，浇水多，一般畦面高 10～15 cm、宽 60～80 cm。畦面过高过宽，灌水时不易渗到畦中心，容易造成畦内干旱。南方多雨地区或地下水位高、排水不良的地区，多采用深沟宽高畦，一般畦面宽 180～200 cm，沟深 23～26 cm、宽约 40 cm。

高畦适宜栽培瓜类、茄果类、豆类蔬菜，南方还用以栽培叶菜类蔬菜。

（4）垄

垄似较窄的高畦，一般垄底宽 60～70 cm，顶部稍窄，垄面呈圆弧形，高约 15 cm，垄间距离根据蔬菜种植的行距而定。我国北方多用高畦栽培行距较大又适于单行种植的蔬菜，如大白菜、大型萝卜、结球甘蓝等。冬季保护地栽培瓜果类蔬菜也多实行垄作。

2. 作畦要求

（1）畦向

畦向指畦的延长方向。冬春季栽培应采用东西向，有利于提高畦内温度，促进植株生长。夏季南北向作畦有利于田间的通风排热，降低温度。地势倾斜的地块，应以有利于保持土壤水分和防止土壤冲刷为原则来确定畦向。

（2）质量要求

①畦面平坦。平畦、高畦、低畦的畦面要平，否则浇水或雨后湿度不均匀，植株生长不整齐，低洼处还易积水。垄的高度要均匀一致。②土壤细碎。整地作畦时，一定要使土壤细碎，保持畦内无坷垃、石砾、薄膜等影响土壤毛细管形成和根吸收的各种杂物。③土壤松紧适度。整体来说，作畦后应保持土壤疏松透气。但在耕翻和作畦过程中也需适当镇压，避免土壤过松，大孔隙较多，浇水时造成塌陷而使畦面高低不平，影响浇水和蔬菜生长。

二、定植技术

将蔬菜幼苗从苗床中移植到菜田的作业称为定植。

（一）整地作畦后

先按行、株距开穴（开沟）栽苗，栽完苗后按畦或地块统一浇定植水的方法，称为明水定植法。该法浇水量大，地温降低明显，适用于高温季节。

（二）暗水定植法

按株行距开沟（穴），按沟（穴）灌水，水渗下后栽苗封沟覆土。此法用水量小，地温下降幅度小，表土不板结，透气好，利于缓苗，但较费工。

暗水定植法分为水稳苗法和座水法两种。

1. 水稳苗法

栽苗后先少量覆土并适当压紧、浇水，待水全部渗下后，再覆土到要求厚度。该定植法既能保证土壤湿度要求，又能保持较高地温，有利于根系生长，适合于冬春季定植，尤其适宜于各种容器苗定植。

2. 座水法

开穴或开沟后先引水灌溉，并按预定的距离将幼苗土坨或根部置于泥水中，水渗透后覆土。该栽培法有防止土壤板结、保持土壤良好的透气性、保墒、促进幼苗发根和缓苗等作用。

定植深度以达到子叶以下为宜。不同种类有所不同，例如，黄瓜根系浅、需氧量高，定植宜浅；茄子根系较深、较耐低氧，定植宜深；番茄可栽至第一片真叶下，对于番茄等的徒长苗还可深栽，以促进茎上不定根的发生；大白菜根系浅、茎短缩，深栽易烂心。北方春季定植不宜过深，潮湿地区定植不宜过深。

三、田间管理技术

（一）植株调整技术

植株调整是通过整枝、摘心、疏花、疏果、摘叶、压蔓、绑蔓、落蔓、搭架等操作，调整植株的有关器官，来控制蔬菜的营养生长和生殖生长并协调其相互关系的技术措施。

1. 搭架技术

搭架的主要作用是使植株充分利用空间，改善田间的通风、透光条件。架形一般分为单柱架、人字架、圆锥架、篱笆架、横篱架、棚架等几种形式。

（1）单柱架

在每一植株旁插一架竿，架竿间不连接，架形简单，适用于分枝性弱、植株较小的豆类蔬菜。

（2）人字架

在相对应的两行植株旁相向各斜插一架竿，上端分组捆紧再横向连贯固定，呈"人"字形。此架牢固程度高，承受重量大，较抗风吹，适用于菜豆、豇豆、黄瓜、番茄等植株较大的蔬菜。

（3）圆锥架

用3~4根架竿分别斜插在各植株旁，上端捆紧使架呈三脚或四脚的锥形。这种架形虽然牢固可靠，但易使植株拥挤，影响通风透光。常用于单干整枝的早熟番茄以及菜豆、豇豆、黄瓜等。

（4）篱笆架

按栽培行列相向斜插架竿，编成上下交叉的篱笆。适用于分枝性强的豇豆、黄瓜等，支架牢固，便于操作，但费用较高，搭架也费工。

（5）横篱架

沿畦长或在畦四周每隔1~2米插一架竿，并在1.3米高处横向连接而成，茎蔓呈直线或圈形引蔓上架，并按同一方向牵引，多用于单干整枝的瓜类蔬菜。光照充足，适于密植，但管理较费工。

（6）棚架

在植株旁或畦两侧插对称架竿，并在架竿上扎横竿，再用绳、竿编成网格状，有高、低棚两种。适用于生长期长、枝叶繁茂、瓜体较长的冬瓜、长丝瓜、苦瓜、晚黄瓜等。

搭架必须及时，宜在倒蔓前或初花期进行。浇灌定植水、缓苗水及中耕管理等，应在搭架前完成。

2. 绑、落蔓技术

（1）绑蔓

对搭架栽培的蔬菜，需要进行人工引蔓和绑扎，固定在架上。对攀缘性和缠绕性强的豆类蔬菜，通过一次绑蔓或引蔓上架即可；对攀缘性和缠绕性弱的番茄，则需多次绑蔓。瓜类蔬菜长有卷须可攀缘生长，但由于卷须生长消耗养分多，攀缘生长不整齐，所以，一般不予应用，仍以多次绑蔓为好。

绑蔓松紧要适度，不使茎蔓受伤或出现缢痕，又不能使茎蔓在架上随风摇摆磨伤。露地栽培蔬菜应采用“8”字扣绑蔓，使茎蔓不与架竿发生摩擦。绑蔓材料要柔软坚韧，常用麻绳、稻草、塑料绳等。绑蔓时要注意调整植株的长势，如黄瓜绑蔓时若使茎蔓直立上架，有助于其顶端优势的发挥，增强植株长势，若使茎蔓盘绕上升，则可抑制顶端优势，促发侧枝，且有利于叶腋间花的发育。

（2）落蔓

保护设施栽培的黄瓜、番茄等蔬菜，生育期可长达八九个月，甚至更长，茎蔓长度可达 6~7 米，甚至 10 米以上。为保证茎蔓有充分的生长空间，需于生长期内进行多次落蔓。

当茎蔓生长到架顶时开始落蔓。落蔓前先摘除下部老叶、黄叶、病叶，将茎蔓从架上取下，使基部茎蔓在地上盘绕，或按同一方向折叠，使生长点置于架上适当高度后，重新绑蔓固定。

3. 整枝技术

对分枝性强、放任生长易于枝蔓繁生的蔬菜，为控制其生长，促进果实发育，人为地使每一植株形成最适合的果枝数目称为整枝。在整枝中，除去多余的侧枝或腋芽称为“打杈”（或抹芽）；除去顶芽，控制茎蔓生长称“摘心”（或闷尖、打顶）。

整枝的方式和方法应以蔬菜的生长和结果习性为依据。一般以主蔓结果为主的蔬菜（如早熟黄瓜、西葫芦等），应保护主蔓，去除侧蔓；以侧蔓结果为主的蔬菜（如甜瓜、瓠瓜等），则应及早摘心，促发侧蔓，提早结果；主侧蔓均能正常结果的蔬菜（如冬瓜、西瓜、丝瓜、南瓜等），大果型品种应留主蔓去侧蔓，小果型品种则留主蔓并适当选留强壮侧蔓结果。

整枝方式还与栽培目的有关。如西瓜早熟栽培应进行单蔓或双蔓整枝，增加种植密度，而高产栽培则应进行三蔓或四蔓整枝，增加单株的叶面积。

整枝最好在晴天上午露水干后进行，做到晴天整、阴天不整，上午整、下午不整，以利整枝后伤口愈合，防止感染病害。整枝时要避免植株过多受伤，遇病株可暂时不整，防止病害传播。

4. 摘叶与束叶技术

摘叶的适宜时期是在生长的中、后期，摘除基部色泽暗绿，继而黄化的叶片，及严重患病，失去同化功能的叶片。摘叶宜选择晴天上午进行，用剪子剪除。留下一小段叶柄。操作中也应考虑到病菌传染问题，剪除病叶后宜对剪刀做消毒处理。摘叶不可过重，即便是病叶，只要其同化功能还较为旺盛，就不宜摘除。

束叶技术适合于结球白菜和花椰菜，可以促进叶球和花球软化，同时也可以防寒，增加株间空气流通，防止病害。束叶宜在生长后期，结球白菜已充分灌心，花椰菜花球充分膨大后，或温度降低，光合同化功能已很微弱时进行。过早束叶不仅对包心和花球形成不利，反而会因影响叶片的同化功能而降低产量，严重时还会造成叶球、花球腐烂。

5. 花果管理

不同蔬菜种类的特性不同，以及栽培目的不同，对花器及果实的调整也不同。第一类，对于以营养器官为产品的蔬菜，应及早除去花器，以减少养分消耗，促进产品器官形成，如马铃薯、大蒜等；第二类，以较大型果实为产品的蔬菜，选留少数优质幼果，除去其余花果，靠集中营养、提高单果质量、改善品质来增加效益，如西瓜、冬瓜、番茄等，要注意选留最佳结果部位和发育良好的幼果；第三类，对于设施栽培中易落花落果的蔬菜，如番茄、菜豆等，宜采取保花保果的措施，以提高坐果率。

（二）灌溉技术

蔬菜的灌溉方法多种多样，大致可分以下三种。

1. 明水灌溉法

包括畦灌、沟灌、淹灌等几种形式，适用于水源充足、土地平整、土层较厚的土壤和地段。其投资小，易实施，适用于大面积蔬菜生产，但较费工费水，易使土表板结。

2. 暗水灌溉法

主要有以下两种形式：

渗灌利用地下渗水管道系统，将水引入田间，借土壤毛细管作用自下而上湿润土壤。传统渗灌管采用多孔塑料管、金属管或无沙混凝土管。现代渗灌使用新型微孔渗水管，管表面布满了肉眼看不见的无数细孔。渗灌管埋于耕层下。管道的间距为：有压管道在黏土中为 1.5~2.0 m，壤土中为 1.2~1.5 m，沙土中为 0.8~1.0m；无压管道在黏土中为 0.8~1.2 m，壤土中为 0.6~0.8 m，沙土中为 0.5 m 左右。管道长度为：有压管道 200 m 以内，无压管道 50~100 m，管道铺设坡度为 0.001。

膜下灌溉。在地膜下开沟或铺设灌溉水管进行浇水。能够使土壤蒸发量减至最低程度，节水效果明显，低温期还可提高地温 1℃～2℃。

3. 微灌的形式与适用范围

包括滴灌、微喷灌、涌灌等形式，通过低压管道系统与安装在末级管道上的特制灌水器，将水以较小的流量，均匀、准确地直接输送到作物根部附近的土壤表面或土层中。

（1）滴灌

滴灌是通过管道输水系统，由滴头将水定时、定量、均匀而缓慢地滴到蔬菜根际的灌溉方式。滴灌不破坏土壤结构，土壤内部水、肥、气、热能经常性地保持良好的状态。

（2）微喷灌

又叫雾灌，采用低压管道将水流通过雾化，呈雾状喷洒到土壤表面进行局部灌溉。雾灌具有节水、节能、对作物无损伤、土壤不板结等优点，增产效果显著。在高温干旱季节进行雾灌，降温、增湿作用尤为突出，可增加湿度 30%，午间高温时可降温 3℃～5℃。

（3）涌灌

又叫小管细流灌，通过安装在毛管上的涌水器或微管形成小股水流，以涌泉方式涌出地面进行灌溉，在蔬菜上应用较少。

（4）微灌系统

微灌系统的组成由水源、首部枢纽、输配水管网和灌水器四部分组成。

水源。河流、井泉等所有水质符合微灌要求的水源均可。

首部枢纽通常由水泵及动力机、控制阀门、水质净化装置、施肥装置、计量和保护设备等组成，担负着系统的驱动、检测和调控任务。是全系统的控制和调配中心。

输配水管网干、支、毛管担负着输水和配水的任务，一般均埋入地下，根据灌溉面积的大小，管网的级别划分也有不同。在面积较小的地块，也可用移动式微灌。

灌水器。灌水器有滴头、微喷头、涌水器、滴灌带等多种类型，或置于地表，或埋于地下。灌水器的结构不同，水的流出形式也不同，有滴水式、漫射式、喷水式和涌泉式等，相应的灌水方式也称为滴灌、微喷灌和涌灌。

第二节　蔬菜采收和处理

一、蔬菜采收

蔬菜的采收是蔬菜栽培的最后一环，采收时期是否适当，直接影响蔬菜的产量和质量，也关系到采后的贮藏和加工。因此，只有适时采收才能获得高产优质和耐贮藏的产品。

（一）采收标准

蔬菜的采收适期既要考虑产品的成熟度和生长日期，还应考虑到供应时间及贮藏、运输、加工等不同的要求。蔬菜的生长日期并不是固定不变的，它随品种、气候和栽培管理状况而不同，因此，生长日期只可作为确定采收期的参考数据。对绝大多数蔬菜来说，主要应根据各种蔬菜的食用特性，产品的形状、大小、色、香、味以及不同用途确定采收期。

1. 色泽的显现和变化

如番茄果实成熟过程分为四个时期：颜色由绿变白，由白变部分转红，由部分转红变全红，最后由全红变软。这些色泽的变化可作为确定采收时期的依据。

2. 硬度和紧实度

大白菜和甘蓝应在叶球充分长大而紧实时采收，这时采收产量高，质量好。但豌豆、菜豆、甜玉米等，都应在幼嫩时采收，如产品变硬，则食用品质降低。

3. 糖和淀粉含量

番茄、菜豆等，含糖较多，淀粉较少，且质地柔嫩，风味良好。但以块茎、球茎等贮藏器官供食的蔬菜，淀粉含量往往是成熟采收的标志之一。

4. 植株生长状况

有些蔬菜如马铃薯、洋葱、大蒜等，在地上部茎叶衰老枯黄后采收较为适宜，表示植株内的光合产物已运输到产品器官贮藏积累。此时采收，产量高，品质好。

5. 采收目的

作为当地销售的蔬菜，可在产品达到食用成熟度并具备良好食用品质时采收，采收后立即销售。作为远途运输和长期贮藏的蔬菜，则可适当提前收获，可在产品达到接近食用成熟度时采收。

6. 其他成熟标准

如茄子果实在生长期间，若萼片边沿的果皮呈绿白色宽带状环，表示果实正在生长；若带状环变窄或已不明显，果皮具光泽，表明茄子已经成熟，应及时采收。黄花菜应在花蕾接近开放时采摘，产量高，品质好。

（二）采收方法

采收方法直接影响蔬菜的商品品质。不正确的采收方法，往往会引起产品损伤和变色腐烂，缩短贮藏寿命。

蔬菜的采收，有机械采收和人工采收两种方法，前者工作效率高，但采收质量较差，易造成机械损伤；后者费时费工。目前，我国仍以人工采收为主，辅之以机械采收。根据各种蔬菜的不同特点，常采用以下三种方法：第一，对以肉质根或地下茎为产品的蔬菜，如萝卜、胡萝卜、根芥菜、芜菁、马铃薯、洋葱、大蒜等，多采用挖刨法，即用铁锹或镢头挖掘或用拖拉机犁翻。第二，对有些蔬菜，如大白菜、甘蓝、结球莴苣、石刁柏、韭菜等，多用刀割采收。第三，对一些陆续开花结果、陆续采收的蔬菜，如番茄、黄瓜、菜豆、豇豆、茄子等，则主要是手工采收。

二、蔬菜采后处理技术

蔬菜的采后处理是在采收后通过再投入将蔬菜产品转化为蔬菜商品的增值过程，也是蔬菜商品质量提高，满足市场需求的重要产品处理环节。

（一）修整

在田间采收的蔬菜产品，往往不符合市场要求的商品规格，必须进行修整，有些蔬菜还应清洗才能上市。修整主要是指除去叶菜的黄叶、病叶、烂叶以及非食用性叶片，剔除果菜的病果、烂果以及其他非商品性果实，剔除根菜、茎菜类的各种不符合市场需要的块根和块茎等，使蔬菜商品质量得到提高，整齐美观，食用方便，减少运输的投入，减轻城市的蔬菜废弃物污染。

（二）清洗

蔬菜产品用水清洗，可以去污、除虫，减少农药残留，使蔬菜产品符合商品要求及卫生标准。根据各种蔬菜被污染程度，耐压耐摩擦的能力，以及表面状态的不同，而采用不同的方法及机械来进行清洗。下面介绍几种常见的洗涤设备：

1. 洗涤水槽

洗涤水槽呈长方形，大小随需要而定，可 3~5 个连在一起呈直线排列。用砖或石砌成，槽内壁可镶瓷砖。槽内安置金属或木质滤水板，用以存放产品。洗槽上方安装冷、热水管线及喷头，用以喷水洗涤产品。并安一根水管直通到槽底，用以洗涤不需喷洗的原料。在洗槽的上方有溢水管，下方有排水管。槽底也可安装压缩空气喷管，通入压缩空气使水激动，提高洗涤效果。

这种设备较简易，适用各种蔬菜产品洗涤用。可将蔬菜放在滤水板上冲洗，淘洗，亦可将蔬菜装盛放在槽中洗涤。但不能连续化，功效低，耗水量大。

2. 滚筒式洗涤机

滚筒式洗涤机主要部分是一个可以旋转的滚筒，筒壁成栅栏状，与水平面成3°角倾斜安装在机架上。滚筒内引入高压水管的喷头，以3～4个大气压喷水。原料由滚筒一端经流水槽进入后，即随滚筒转动并与栅栏板条相互摩擦，同时被喷水冲洗干净，向前滚动到较低一端出口。

3. 毛刷式洗涤机

在以狭长的洗涤框上方安装若干组旋转圆盘毛刷及高压喷水头。原料经水浸泡表面湿润，由循环输送带进入洗涤框被旋转圆盘毛刷刷洗，并被高压水冲洗干净。

4. 喷淋式和压气式洗涤机

喷淋式洗涤是在洗涤槽内上下安装喷水头。原料在循环输送带上缓慢向前移动，受到上下喷出的水冲洗。喷洗的效果与水压、喷头与原料间的距离以及喷出的水量都有关。压力大、水量大、距离近则效果好。

压气式洗涤是在洗涤槽内安装许多压缩空气喷嘴，通入压缩空气将水强烈地翻动洗涤产品。

（三）分级

1. 分级标准

蔬菜由于食用部分不同，成熟标准不一致，所以，很难有一个固定统一的分级标准，只能按照对各种蔬菜品质的要求制定个别的标准。蔬菜通常根据坚实度、清洁度、大小、重量、颜色、形状、鲜嫩度以及病虫感染和机械伤等分级，一般分为三个等级，即特级、一级和二级。特级品质最好，具有本品种的典型形状和色泽，不存在影响组织和风味的内部缺点，大小一致，产品在包装内排列整齐，在数量或重量上允许有5%的误差；一级产品与特级产品有同样的品质，允许在色泽、形状上稍有缺点，外表稍有斑点，但不影响外观和品质，产品不需要整齐地排列在包装箱内，可允许10%的误差；二级产品可以呈现某些内部和外部缺陷，价格低廉，采后适合于就地销售或短距离运输。

2. 分级方法

蔬菜的分级目前普遍采用的是手选，即根据人的视觉判断，将产品分成若干等级。手工分级能减轻伤害，适用于各种果蔬。但工作效率低，级别标准易受人心理因素的影响，对同样的产品，甲可能划分为一级，而乙则可能划分为二级。主观意识上的差别往往导致产品的级别标准出现较大偏差。因此，在进行大量蔬菜分级时，可采用机械分级。采用机械分级，不仅可消除人为心理因素的影响，更重要的是能显著提高工作效率。

3. 分级机械

（1）重量分选装置

根据产品的重量进行分选。按被选产品的重量与预先设定的重量进行比较分级。重量分选装置有机械秤式和电子秤式等不同的类型。机械秤式分选装置主要由固定在传送带上可回转的托盘和设置在不同重量等级分口处的固定秤组成。将果实单个地放进回转托盘，当其移动接触到固定秤，秤上果实的重量达到固定秤的设定重量时，托盘翻转，果实即落下。适用于球状的果蔬产品，缺点是容易造成产品的损伤，而且噪声很大。电子秤重量分选装置则改变了机械秤式装置每一重量等级都要设秤，噪声大的缺点，一台电子秤可分选各重量等级的产品，装置大大简化，精度也有提高。重量分选装置多用于番茄、甜瓜、西瓜、马铃薯等。

（2）形状分选装置

按照被选果蔬的形状大小（直径、长度等）分选。有机械式和光电式等不同类型。

①机械式形状分选装置多是以缝隙或筛孔的大小将产品分级。当产品通过由小逐级变大的缝隙或筛孔时，小的先分选出来，最大的最后选出。适用于洋葱、马铃薯、胡萝卜、慈菇等。②光电式形状分选装置有多种，有的是利用产品通过光电系统时的遮光，测量其外径或大小，根据测得的参数与设定的标准值比较进行分级。较先进的装置则是利用摄像机拍摄，经电子计算机进行图像处理，求出果实的面积、直径、高度等。例如，黄瓜和茄子的形状分选装置，将果实一个个整齐地摆放到传送带的托盘上，当其经过检测装置部位时，安装在传送带上方的黑白摄像机摄取果实的图像，通过计算机处理后可迅速得出其长度、粗度、弯曲程度等，实现大小分级与品质（弯曲、畸形）分级同时进行。光电式形状分选装置克服了机械式分选装置易损伤产品的缺点，适用于黄瓜、茄子、番茄、菜豆等。

（3）颜色分选装置

根据果实的颜色进行分选。果实的表皮颜色与成熟度和内在品质有密切关系，颜色的分选主要代表了成熟度的分选。例如，利用彩色摄像机和电子计算机处理的红、绿两色型装置可用于番茄、青椒等的分选，可同时判别出果实的颜色、大小以及表皮有无损伤等。当果实随传送带通过检测装置时由设在传送带两侧的两架摄像机拍摄。果实的成熟度根据测定装置所测出的果实表面反射的红色光与绿色光的相对强度进行判断；表面损伤的判断是将图像分割成若干小单位，根据分割单位反射光的强弱算出损伤的面积，最精确可判别出 0. 2~0. 3 m m 大小的损伤面；果实的大小以最大直径代表。红、绿、蓝三色型机则可用于色彩更为复杂的苹果的分选。

（四）包装

1. 对包装容器的要求

一般商品的包装容器应该美观、清洁、无异味、无有害化学物质、内壁光滑、卫生、重量轻、成本低、便于取材、易于回收及处理，并在包装外面注明商标、品名、等级、重量、产地、特定标志及包装日期等。果蔬包装除了应具备上述特点和要求外，根据其本身的特性，还应具备以下特点：①具有足够的机械强度以保护产品，避免在运输、装卸和堆码过程中造成机械伤；②具有一定的通透性，以利于产品在贮运过程中散热和气体交换；③具有一定的防潮性，以防止包装容器吸水变形而造成机械强度降低，导致产品受伤而腐烂。

2. 包装的种类和规格

随着科学技术的发展，包装的材料及其形式越来越多样化。蔬菜产品的包装可分为外包装和内包装。高密度聚乙烯、聚苯乙烯、纸箱、木板条等都可以用于外包装。

3. 包装设备

采后处理中的许多步骤可在设计好的包装生产线上一次完成。果蔬经清洗、药物防腐处理和严格挑选后，达到新鲜、清洁、无机械伤、无病虫害、无腐烂、无畸形、无冻害、无水浸的标准，然后按国家或地区有关标准分级、打蜡和包装，最后打印、封钉等成为整件商品。自动化程度高的生产线，整个包装过程全部实行自动化流水作业。具体做法是：先将果实放在水池中洗刷，然后由传送带送至吹风台上，吹干后放入电子秤或横径分级板上，不同重量的果实分别送至相应的传送带上，在传送过程中，人工拿下色泽不正和残次病虫果，同一级果实由传送带载到涂蜡机下喷涂蜡液，再用热风吹干，送至包装线上定量包装。

包装生产线应具备的主要装置有：卸果装置、药物处理装置、清洗和脱水装置、分级打蜡装置、包装装置等。条件尚不具备的包装场，可采取简单的机械结合手工操作规程，来完成上述的果蔬商品化处理。主要包括产品的外观、质地等，如大小、形状、颜色、光泽、汁液、硬度（脆度）、缺陷、新鲜度等。蔬菜的感官质量因产品种类和品种而异。由于蔬菜的种类和品种极多，外观质量千差万别。这些外观质量通常可以通感官器官感受来完成，有些指标可以采用一定的方法，以期得到更为准确的结果。

第三节　不同蔬菜的种植

一、大白菜

（一）生物学特性

1. 植物学性状

（1）根

大白菜根系较发达，为直根系，主根基部肥大，其上发生很多侧根，主、侧根上分根很多，主要根群分布于耕作层中。

（2）茎

在营养生长期，茎为变态短缩茎，呈球形或短圆锥形，茎部的顶芽为活动芽，侧芽为潜伏芽，因而形成单芽叶球。如在成球以前，顶芽受伤，则侧芽会提早萌发，影响包心。生殖生长时期，短缩茎顶端发生花茎，高 60~100 cm。

（3）叶

大白菜的叶片为异型变态叶，全株先后发生子叶、基生叶、中生叶、顶生叶和茎生叶。子叶肾形、对生、有叶柄；基生叶对生，与子叶垂直排成十字形；中生叶着生于短缩茎中部，包括幼苗叶和莲座叶，互生，椭圆形（幼苗时）或倒卵圆形（莲座叶）；顶生叶即球叶，着生于短缩茎的顶端，互生；茎生叶着生在花茎（墨）和花枝上，呈三角形，叶面有蜡粉。

（4）花、果实及种子

总状花序，花瓣 4 枚，鲜黄色，雄蕊 6 枚，雌蕊 1 枚，异花授粉，虫媒花。果实为长角果，种子圆球形，千粒重为 2~6 g。

2. 生长发育周期

从播种到种子收获的整个生育期可分为营养生长和生殖生长两个时期。营养生长期又可分为发芽期、幼苗期、莲座期，除散叶种外，还有结球期和休眠期。生殖生长期又可分为抽着期、开花期和结实期。

（1）营养生长时期

发芽期。由种子播种到基生叶展开，约 7~8 d。当子叶完全展开，并出现一对基生叶时，称为“破心”。当基生叶展开达到和子叶同等大小，并且与子叶垂直交叉呈“十”字形，这一长相称为“拉十字”，是发芽期结束的临界特征。

幼苗期。从“拉十字”至形成第一个叶环为幼苗期。到幼苗期结束，叶丛成盘状，这一长相称为“团棵”，这是幼苗期结束的临界特征。幼苗期的生长日数：早熟品种为12~13 d，晚熟品种为17~18 d。此期植株会形成大量根。

莲座期。“团棵”后，陆续长出中生叶的第二、三环叶片，形成莲座叶，称为莲座期。在莲座叶全部长大时，植株中心幼小的球叶以一定的方式抱合，称为“卷心”，这是莲座期结束的临界特征。莲座期的日数：早熟品种为20~21 d，晚熟品种为27~28 d。

结球期。“卷心”后就进入结球期，植株大量积累养分，贮藏于心叶，形成肥大叶球。结球期时间较长，约占全生长期一半时间。结球期可分为前期、中期和后期。前期，叶球的外层叶片迅速生长，形成叶球的轮廓，称为“抽筒”。中期是叶球内的叶片迅速生长，充实内部，称为“灌心”。结球前期和中期是叶球生长最快的时期，后期叶球的体积不再增加，只是继续充实内部，养分由外叶向叶球转移。在结球期，浅土层发生大量的侧根和分根，出现“翻根”现象。

休眠期在冬季贮藏过程中植株停止生长，处于休眠状态，依靠叶球贮存的养分生活。

（2）生殖生长期

经过休眠的种株，次年早春便进入生殖生长阶段——抽薹、开花、结实，同时地下部重新发生新根。这阶段又可分为三个时期。

抽薹期。花薹开始伸长即进入抽薹期，到植株开始开花时，抽薹期结束。

开花期。从植株始花到全株开花结束为开花期，约30 d。此期花枝生长迅速，分枝性强。

结实期。谢花后进入结实期，此期花茎和花枝停止生长，果荚和种子旺盛生长，以后果荚枯萎，种子成熟。

3. 对环境条件的要求

（1）温度

大白菜是半耐寒蔬菜，喜温和气候。生长期间的适温在10~22℃之间，高于25℃生长不良，10℃以下生长缓慢，5℃以下停止生长。在适宜的温度范围内，较大的昼夜温差有利于白菜正常生长。大白菜春化适宜温度为2~4℃，春化时间14 d以上。

（2）光照

大白菜是长日照蔬菜，但对日照时数要求不严格，一般在12~13 h的日照和较高的温度（约18~20℃）下，就能通过光周期阶段。大白菜在营养生长期需要充足的阳光，光照不足光合作用减弱，叶球坚实程度会受影响。

（3）水分

大白菜对土壤湿度要求较高，在不同生长时期对水分的要求不同，苗期对水分要求不多，莲座期需水量较多。结球期需水量最大，须经常保持土壤湿润。白菜要求空气相对湿度为70%左右，高湿环境不适合生长。

（4）土壤和矿质营养

对土壤要求不严格，喜富含有机质，保水保肥的壤土或沙壤土，土壤酸碱度最好是中性或弱碱性。大白菜以叶球为产品，需要充足的氮肥；磷能促进叶原基的分化，使球叶分化增加；钾能使叶球紧实，产量增加，提高品质。因此，要注意适当增施磷、钾肥。另外，大白菜生长还需要一定的钙、硼等元素，植株缺钙易发生“干烧心”。

（二）栽培管理技术

1. 栽培季节

大白菜以秋播为主，为了争取较长的生长期以达到增产的目的，常利用幼苗期具有较强的抗热能力的特点提前播种，但播种过早易染病毒。推迟播期又会缩短了营养生长期以致包心松弛，影响产量和品质，所以，大白菜的适播期较短。各地区都有比较明确的适宜播种期，如西安地区大白菜稳产播种期是8月10~14日。具体播种期还要考虑品种、栽培技术和当年的气候因素。一般抗病品种和生长期长的品种都应早播种，中晚熟种可晚播。

近几年来，除秋季栽培外，随着春、夏、早秋大白菜品种的育成，春、夏、早秋大白菜的栽培面积也在不断扩大，丰富了市场大白菜的供应。春季栽培大白菜一般利用设施育苗，华北地区的播种时间是3月中下旬，苗龄30~35 d，于4月中下旬露地定植；夏季大白菜一般在6~7月份露地直播，播后60天左右即可收获。

2. 整地施基肥

大白菜根系主要分布在浅土层中，适当加深耕作层，可以促进根系向深层延伸。前茬作物收获后，深耕土地，并施有机肥作基肥。因大白菜生长期长，生长量大，需肥多，每667 m^2 施腐熟、细碎的有机肥5000 kg。肥要施匀，力求土壤肥力一致，基肥的三分之二要结合前期深耕施入，耙地时再把其余的三分之一耙入浅土层中。

作平畦或高垄。平畦宽度一般为1.0~1.5 m，每畦栽培两行。高垄每垄栽培1行，垄高10~18 cm，垄距60~75 cm。在雨水多、地下水位高、土质黏重、排水不良的地区，起垄宜高些。一些砂性强、水位低的地区，以平畦栽培为好。不论平畦或高垄，都应做到地面平整，垄、畦不宜过长，以8~10 m为宜，在机井灌溉时水量很大，应在菜地周围留好排水沟。

3. 播种、育苗

栽培大白菜时可直播，也可育苗移栽。

（1）直播

直播有条播和穴播两种方法。条播是在垄面中间，或在平畦内按 50~75 cm 的行距开约 1~1.5 cm 深的浅沟，沿沟浇水，水渗完后，然后将种子均匀播入沟内，再覆土平沟，每 667 m^2 用种量 125~200g。穴播时按 45~65 cm 间距，开直径 12~15 cm，深 1~1.5 cm 的浅穴，按穴浇水，水渗完后，每穴均匀播入种子 5~6 粒，播后平穴，每 667 m^2 用种量为 100~125g。

为预防暴雨和保墒，可在播后加盖覆盖物，但必须在 36~48 h 后除去，以免影响幼苗顺利出土。幼芽出土后最忌烈日曝晒，应注意浇水降温。

出苗后分多次间苗，原则是早间苗，分次间苗，晚定苗，定壮苗。

一般分三次间苗。第一次在幼苗“拉十字”时进行，间去出苗过迟，生长拥挤的细弱幼苗，苗距 4~5 cm；第二次间苗在 2~3 片叶时，苗距 7~10 cm；第三次在幼苗长出 5~6 片叶时进行，苗距 10~12 cm，待大白菜“团棵”时定苗。无论间苗或定苗都要注意选留生长健壮、无病虫害和具有本品种特征的幼苗，间去杂苗和发育不良的苗。间苗或定苗最好在晴天中午进行，因为此时病、弱苗会萎蔫，很易辨别。间苗时发现缺苗应及时补栽。

（2）育苗移栽

育苗移栽便于苗期集中管理，同时也有利于延长前作的生长期，尤其在干旱年份更有良好效果。一般床宽 1.0~1.5 米，长 8~10 米，栽植 667 m^2 约需苗床 35 m^2，每 35 m^2 苗床内应施充分腐熟的底肥 200 kg、硫酸铵 1.0~1.5 kg，并可适量施入一些过磷酸钙和草木灰。育苗大白菜的播期应比直播提前 3~5 天。

苗床播种多采用条播的方法，提前浇足底水，待床土干湿适度时，每隔 10 cm 开深 1~2 cm 的浅沟，将种子均匀撒入沟内，然后轻轻耙平畦面，覆盖种子。每 35 m^2 的苗床约需种子 100~120g。播种面积大时，也可以用撒播法，为预防烈日曝晒或大雨冲刷，在播后可进行地面覆盖，待幼苗出土后及时揭去覆盖物。

注意及时间苗，苗距 8~10 cm，并要定期喷药防治病虫害。

4. 定植

育苗移栽的，在苗龄 20 天左右，具有 5~6 片真叶时及时移栽。起苗时要多带土，少伤根，移栽应选晴天下午或阴天进行，以减轻幼苗的萎蔫，栽苗时，先按一定行株距定点挖穴，栽苗深度要适宜。在高垄上应使土坨与垄面相平，在平畦上则要略高过畦面。以免浇水后土坨下沉，淹没菜心而影响生长。定植水要浇足。

5. 水肥管理

（1）浇水

如果浇足了底水，定植后一般不用浇水。但在异常情况下要浇水，例如，高温干旱年份，雨水少，气温高，土壤水分蒸发快，土壤表层极易干燥，容易造成已发芽的种子不能出苗。因此，菜农在干旱之年提出“三水齐苗”的经验，即播种后当日浇一水，供给种子发芽所需水分，幼苗顶土再浇第二水，湿润土面促进幼苗出土，幼苗出齐后浇第三水，密封土缝，保护幼根。在浇第一、二次水时，可以隔一沟浇一沟轮回交替，以达到轻浇的目的。浇水量的大小以不淹没垄面为度。

白菜齐苗以后到“团棵”，虽然生长速度很快，但植株生长量不大，所需水分不多，通常年份苗期不宜浇水过多，以免幼苗生长瘦弱。但在干旱年份应适量浇水，一方面供给幼苗生长需要的水分，另一方面可以降低地温，减轻病毒病的发生。直播的，一般在间苗后浇一次，定苗后再浇一次，浇水时间最好在傍晚或早晨。

莲座期浇水要掌握“见干见湿”的原则，即地面发白时再浇，使水分既不缺又不过多，对莲座叶既促进又控制。如果浇水过多很容易引起植株徒长，推迟球叶分化而延迟结球。生产上应采取蹲苗措施，即在包心前 10~15 d 浇一次透水，然后中耕保墒，进行蹲苗，当叶片变厚，叶色变深，略有皱纹，中午稍有萎蔫，早晚恢复正常，特别是当植株中心的幼叶也呈绿色时，应结束蹲苗。蹲苗是在一定时间内保持土壤水分的稳定性，促使根系下扎，叶片厚实，积累养分，由长外叶转到长球叶的一种技术措施。但是否需要蹲苗和蹲苗时间的长短，要因品种、土质、气候等具体条件来决定。在干旱年份蹲苗时间要短；雨水充沛年份，可适当放宽。在砂质土壤或一些瘠薄地栽培时不宜蹲苗。蹲苗不可过度，否则植株受抑制过重，反而延迟成熟。

蹲苗结束以后，大白菜心叶已向内弯曲生长，开始包心，叶球生长很快，这时要浇一次大水，浇完第一水隔 2~3 d 浇第二水，以免土壤发生裂缝，而使侧根断裂，细根枯死。以后约 5~6 d 浇一水，始终保持土壤湿润，到收获前 5~7 d 停止浇水，以免叶球含水量过多而不耐贮藏。

（2）追肥

白菜苗期生长速度很快，但根系尚不发达，必须供应足够的养分。适时施用少量速效氮肥，既能促进幼苗茁壮生长，又能增强幼苗的抗病力，为后期生长打下良好基础。种肥应在播种前施于播种沟或穴中，并与土壤混合均匀，然后浇水播种。提苗肥多在第二次间苗后在植株附近趁墒撒肥，种肥或提苗肥的量掌握每 667 m^2 用硫酸铵 10~15 kg，苗期还应对小苗、弱苗施偏肥，促使小苗长成大苗。在苗期发现病毒病症状时，及时进行追肥和浇水，增强幼苗的抗病力。

为了促进莲座叶旺盛生长，团棵时重施一次发棵肥，发棵肥应以速效氮肥为主，适量配合磷、钾肥，既可防止外叶徒长，又能促进根系发育和增强对霜霉病的抵抗力，每 667 m^2 施人粪尿 1000~1500 kg 或硫酸铵 15~20 kg 和过磷酸钙 10 kg，草木灰 50~100 kg。氮素化肥应在“团棵”以后施入。有机肥应适当早施几天，一般在定苗后施入。施用有机肥和化肥时应在距离植株 8~10 cm 处开穴施入。

结球期是吸肥量最多时期，约占总吸肥量的 60%~70%，在结球前期、中期，温度适宜，日照较长，是叶球生长最快的时期，因此，结球期追肥重点应放在前期，促使叶球外叶迅速生长。结球期大白菜根系已经大量分布在土壤表层，施肥浓度不宜过大，结球期一般追肥 2~3 次。第一次在蹲苗结束后，结合浇水进行重点追肥。最好施用大量肥效持久的完全肥料，特别是要增施钾肥。每 667 m^2 施人粪尿 1000~1500 kg（或硫铵 15~25 kg）、草木灰 50~100 kg（或硫酸钾 15 kg）、过磷酸钙 10 kg。第二次在进入结球中期后，叶球内部球叶正在继续生长，应施一次灌心肥，使大白菜充分灌心，防止外叶早衰。到结球后期，为了使大白菜叶球充实和防止白菜早衰应再追施少量化肥。

6. 中耕、除草、培土

大白菜中耕次数一般为 3~4 次，深度 4~10 cm，在间苗后或雨后进行。中耕必须早进行，浅锄垄背，深锄垄沟。待外叶封垄，根系布满全畦，就要停止中耕，以免伤根、损叶，影响生长，并导致病菌从伤口处入侵。每次中耕应结合起垄培土。

7. 采收

我市大部分地区秋播大白菜收获多在 10 月下旬至 11 月上中旬。作为贮藏供冬春食用的中、晚熟品种，应尽可能延迟收获。但成长的植株遇到-2℃以下低温就会受冻，所以，要赶在寒流来临之前抢收完毕。收获后先晾晒，待外叶萎蔫，根部伤口愈合后，再进行贮藏或销售。

二、黄瓜

（一）生物学特性

1. 植物学性状

（1）根

根细弱，根木栓化早，再生能力差，移栽或中耕时要尽量少伤根。主要根群分布在 30 cm 的耕层内。直播的黄瓜主根深达 1 m 左右，侧根分布直径达 2 m 以上。

（2）茎

蔓性，茎表面有刺毛，叶腋着生卷须、分枝及雄花或雌花。黄瓜茎的强度和韧性较弱，易折断。

（3）叶

叶分子叶和真叶，子叶对生，长椭圆形；真叶互生，五角掌状，深绿色，被茸毛。

（4）花

单性花。雌花较大，多单生，子房下位。多数品种的雌花具有单性结实能力。雄花较小，簇生，一般较雌花早出现 3 节左右。虫媒花，清晨开放，雄花花冠完全展开时，花粉的生活力最强，4～5 h 后迅速失去生活力。雌蕊于开花前两天到开花次日均具有受精能力。

（5）果实

为瓠果，由子房发育而成，呈棒状或长棒状。表面光滑或有棱、瘤、刺毛。刺瘤的大小、密度、果形、果皮的特征是鉴别品种的重要依据。果实的苦味，与瓜内含苦瓜素有关。

（6）种子

扁平，长椭圆形，黄白色或白色，千粒重 30g 左右，寿命 2~5 年。生产上多使用 1~2 年的种子。

2. 生长发育周期

黄瓜的整个生育期为 90～120 d，设施栽培中生育期可延长。分为发芽期、幼苗期、抽蔓期、结果期四个时期。

（1）发芽期

从种子萌动到第一片真叶显露为发芽期。其生长所需的养分，完全靠种子供给，在温度等条件适宜情况下，需要 5~6 d。此时，应控制温度，降低夜温，促进子叶发育，防止幼苗徒长。

（2）幼苗期

从第一片真叶显露到长出 4~5 片真叶为幼苗期。此期约需 25~30 d，主要是营养器官的生长和花芽陆续分化。要促进根系发育，扩大叶面积，促进多形成健壮的雌花，调节温度和湿度，防止徒长。

（3）伸蔓期

从长出 4~5 片真叶到根瓜坐住为伸蔓期，约需 25 d。植株生长速度加快。茎蔓伸长，开始甩蔓，茎叶生长和开花结瓜并进。要使根系充分发育，扩大吸收面积，并适当控制茎叶生长，保持营养与生殖生长的均衡发展。

（4）结果期

从根瓜坐住到拉秧为结果期。正常条件下，露地栽培需 30～60 d，设施栽培可长达 120～180 d。此期果实大量形成，茎、叶、根系、主蔓及侧枝生长达到最高峰，栽培管理上既要促进开花结果，又要促进茎叶的继续生长，防止早衰，延长结果期。

3. 对环境条件的要求

（1）温度

喜温，不耐寒冷。生育界限温度（包括昼夜温度）为 10～30℃，冻死温度为-2～0℃，5℃以下有受寒害的危险。但其对低温的忍耐能力可通过锻炼而提高。在 10～12℃以下，生理活动失调，生长缓慢或停止生育。光合作用的最适温度为 25～32℃，环境中二氧化碳浓度升高时，适温则提高。一般能忍耐的最高温度为 40℃。

不同生育时期对温度的要求不同。发芽期适宜温度为 25～30℃，11℃以下不发芽；幼苗期白天最适温度为 22～28℃，夜间 15～18℃；结果期白天最适温度 25～28℃，夜间 13～15℃。生育中昼夜温差以 12℃左右为宜。

根系对地温变化反应敏感。根伸长的最低温度为 8℃，最适温是 32℃，最高温为 38℃。根毛发生的最低温度为 12～14℃，最高温为 38℃。生育最适地温为 25℃左右，最低温 15℃左右。

（2）光照

喜光，也较耐弱光。光饱和点为 52 000～60 000 lx，补偿点为 2000lx。光照度在 20 000 lx 以下，生育迟缓。充足的光照可以提高产量，改进品质。

黄瓜为短日照植物，8～10 h 的日照和较低的夜温有利于雌花的分化。一般华南型品种对短日照较为敏感，而华北型品种对短日照要求不严格。

（3）水分

黄瓜喜湿、怕旱。适宜的土壤湿度为田间最大持水量的 60%～90%，苗期约 60%～70%，结果期约 80%～90%。空气相对湿度 80%～90%为宜。

发芽期需水量为种子重量的 50%；幼苗期需水量较少，应控制水分；果实膨大期需水量大，应及时浇水。水分不足，影响产量，也容易引起化瓜或瓜条畸形。黄瓜不耐涝，特别在低温期，如果土壤湿度长时间过高，容易导致烂根。

（4）土壤和矿质营养

宜选用有机质丰富、疏松通气、能灌能排的壤土。黄瓜喜酸至中性土壤，最适 pH6. 5 左右。

黄瓜对氮、磷、钾三要素的吸收量以钾最多，其次是氮，磷最少。一般每生产 1000 kg 黄瓜产品需吸收氮 2. 8 kg、五氧化二磷 0. 9 kg、氧化钾 3. 9 kg。氮肥不足，植株瘦弱，下部叶片易老化，脱落早。磷对根系生长、种子发育形成有重要作用。缺钾时，影响光合产物的运转，根系和果实发育受到抑制，生育迟缓，产量降低。

（二）栽培管理技术

1. 栽培季节

目前，露地与设施栽培结合使黄瓜的生产方式多种多样，主要有早春日光温室栽培、大棚春季早熟栽培、春季中小拱棚栽培和露地栽培、越夏栽培、秋季露地栽培、秋延迟大棚栽培、秋延迟日光温室栽培、冬季日光温室栽培等。

2. 品种选择

要根据不同栽培季节的特点选用相应的品种。春季栽培中，因经历春季低温到夏季高温的历程，应选择适应性强，苗期较耐低温，长势壮，抗病，较早熟，高产的品种。夏秋栽培中，要选择适应性强，较抗病，耐热的中晚熟品种。

3. 培育适龄壮苗

（1）普通育苗

①冬春季育苗

选用饱满的种子，用 30℃水浸泡 4 h，于 25～30℃下催芽。营养钵或营养土块育苗。每 667 m^2 地需苗床 40 m^2，需种子 150～200g。每个营养钵或土块中播一粒发芽的种子，盖土 1～1. 5 cm。播种后至出苗前，白天床温保持在 25～30℃，夜间 17～18℃，地温 22～25℃。出苗后适当降温，白天床温保持 20℃，夜间 12～15℃，地温 18～20℃。第一片真叶展开到定植前 10 天，白天床温保持 23～27℃，夜间 15～18℃。育苗期间要注意保持较高的地温，促进根系的发育，防止发生近根等生理病害。定植前 10 天，白天苗床气温 16～20℃，夜间不低于 10℃，进行炼苗。

②夏季育苗

选用地势高燥的地块作育苗床，做成高畦，畦宽 1. 2m 左右。育苗设施可采用防雨棚、防虫网棚或遮荫棚等。夏季温度高，幼苗生长快，20 天左右即可成苗。管理上注意：一是夏季温度高，苗床易落干板结，播种后为保持苗床湿度，可覆盖麦秸等保湿；二是雨天注意盖好覆盖物，避免雨水冲击苗床；三是及时防治蚜虫，拔除杂草；四是苗龄不宜过长，否则影响缓苗或不易成活。

（2）嫁接育苗

黄瓜采用嫁接苗栽培，可有效的防治土传性病害，如对黄瓜枯萎病的防效可达到95%以上。同时嫁接苗根系强大，生长旺盛，抗低温能力强，瓜条大，总产量较白根苗提高20%以上。

4. 整地施基肥

选择3年内未种过瓜类蔬菜，有机质丰富，透气性好的地块。定植前每667 m^2 施腐熟圈肥5000 kg，全面撒施后深耕、耙平，作成1.5 m宽的平畦。定植时在畦内再每667 m^2 撒施腐熟捣细的大粪干或鸡粪500 kg、过磷酸钙40~50 kg，使肥土混匀。若打算覆盖地膜，则在耕翻、整平土地后，做成小宽垄，垄高10~15 cm，宽80~100 cm，每垄栽2行。

夏秋季栽培中，要选择能排能灌，地势高燥的地块。为便于雨季排水和防止瓜苗受涝，最好采用小高畦或高垄栽培。

5. 定植

为使秧苗不受寒害并迅速缓苗，10 cm地温稳定在13℃以上即可定植。在畦内开两条深10 cm的沟，顺沟浇水，按20~23 cm的株距将苗摆放在沟内，待水渗下后，用沟两侧的土封沟。这种定植方法称为暗水定植，有提高地温，防止土壤板结，促进幼苗发根的作用。移苗时不要散坨，栽植不要过深，否则缓苗慢。

夏秋栽培中，因气温高，幼苗生长快，除采用育苗方式外可采取大田直播。直播在垄面上或小高畦的两侧，开浅沟，沟内浇水，待水渗下后，在沟壁下3~4 cm处，每墩播种2粒发芽的种子，盖土厚约2 cm。

6. 肥水管理与中耕、除草

春季栽培中，定植后4~5 d，浇一次缓苗水。因这一次浇水距定植水时间不长，地温尚低，浇水量不宜过大。待地表稍干，应及时中耕。中耕的深度，近根处浅，远根处深。要覆盖地膜的，定植后中耕1~2次再覆盖地膜。从此进入蹲苗期，约15 d。至根瓜坐住后结束蹲苗，开始浇水，并进行大追肥。这次追肥对开花结瓜和茎叶生长有重要作用，是一次关键肥。在每个栽培畦行间开沟，每667 m^2 施入腐熟、捣细的大粪干或腐熟鸡粪500 kg，将肥料与土混合后再封沟。施肥后立即浇水。根瓜采收后，每7 d左右浇一次水。以后天气转热，又进入盛瓜期，植株需水量大，3~4 d浇一次水，并在早上或傍晚浇水。追肥总伴随着浇水进行。追肥的原则是多次施，少量施。将有机肥与速效化肥交替施用，有机肥可用人粪尿，每667 m^2 每次500 kg；化肥可用硫酸铵，每667 m^2 每次10~20 kg。一般浇1~2次清水后追肥一次。后期瓜秧茂盛，可采用顺水追肥的方法。

夏秋季栽培中，要防旱又防涝。为防止雨涝，在播种后修整好排水沟，加固畦埋。出苗后至结瓜前，应浅中耕多次，除掉杂草，促进发根，防止徒长。2~3 片真叶期定苗，定苗后浅中耕一下，每 667 m² 施用硫酸铵 10 kg，随即浇水，促苗生长。结瓜后追肥和浇水交替进行，浇 1~2 次水后追一次肥。每次每 667 m² 追施硫酸铵 10~15 kg 或腐熟人粪尿 500 kg 左右，化肥与有机肥交替施用。多雨天气不需浇水时，可在雨前追施氮、磷、钾复合肥，每 667 m² 10~15 kg。大雨时及时排水，热雨后要用井水串灌。浇水或雨后及时中耕。天气转凉后可结合浇水追施人粪尿。

7. 分枝习性与植株调整

黄瓜蔓生，无限生长，在主蔓上可形成许多分枝。一般早熟品种茎短而分枝少，以主蔓结瓜为主；中晚熟品种茎较长且分枝多，以侧蔓结瓜为主，或主、侧蔓均结瓜。在黄瓜露地栽培中，日照充足，生育良好，产量高。但若不进行植株调整，生长到后半期，茎长叶多，侧枝丛生，互相遮蔽，影响产量。所以必须采取搭架、整枝、绑蔓、摘心、摘叶等措施。

在根瓜坐住并浇水追肥后，立即搭架。多采用人字形架，架材用竹竿。插在植株靠近埂埋的一侧，每株一根。

搭架后及时绑蔓，每隔 3~4 节绑一次，午后茎蔓发软时绑蔓不易损伤茎叶。为了增加植株主蔓的叶片数，使叶片分布均匀，将蔓弯曲绑缚，并尽量使各植株的龙头高度一致。

主蔓结瓜为主的品种，要将根瓜以下的侧蔓及时抹去，防止养分分散，促使主蔓旺盛生长。主蔓根瓜以上形成的侧蔓，见瓜后留两片叶摘心，在主蔓到架顶时摘心。侧蔓结瓜为主的品种，可在主蔓 4~5 片叶时摘心，选留两个侧蔓结瓜，侧蔓上形成的分枝见瓜后留两片叶打顶。

8. 采收

黄瓜在开花后 3~4 d 内生长缓慢，开花后 5~6 d 急剧膨大。10 d 后膨大又趋缓慢。一般在开花后 7~10 d 达到收获期。黄瓜以嫩果供食，当瓜条长度和粗度达到一定大小，而种子和表皮尚未硬化时，及时采收。收获晚则影响品质，同时会延缓下一个瓜的发育。

三、番茄

（一）生物学特性

1. 植物学特征

（1）根

番茄为深根性作物。根系发达，分布广而深。在主根不受损的情况下，根系入土1.5 m左右，扩展幅度达2.5 m以上。育苗移栽时，主根被切断，侧根分枝增多，大部分根群分布在30 cm左右的土层中。根系再生能力很强，不仅易生侧根，在根颈和茎上也容易发生不定根，所以番茄移植和扦插繁殖比较容易成活。

（2）茎

番茄茎多为半蔓性和半直立性，少数品种为直立性。分枝形式为假轴分枝，茎端形成花芽。无限生长型的番茄在茎端分化第一个花穗后，其下的一个侧芽生长成强盛的侧枝，与主茎连续而成为假轴，第二穗及以后各穗下的一个侧芽也都如此，故假轴无限生长。有限生长型的番茄，植株则在发生3~5个花穗后，花穗下的侧芽变为花芽，不再长成侧枝，故假轴不再伸长。

（3）叶

番茄的叶片呈羽状深裂或全裂，每片叶有小裂片5~9对，小裂片的大小、形状、对数，因叶的着生部位不同而有很大差别，叶片大小相差悬殊，一般中晚熟品种叶片大，直立性较强，小果品种叶片小。根据叶片形状和裂刻的不同，番茄的叶型分为三种类型：普通叶型、直立叶型和大叶型。叶片及茎有绒毛和分泌腺，能分泌出具有特殊气味的液汁以免受虫害。

（4）花

番茄的花为完全花，总状花序或聚伞花序。花序着生节间，花黄色。每个花序上着生的花数，品种间差异很大，一般5~8朵不等，少数小果型品种可达20~30朵。有限生长型品种一般主茎生长至6~7片真叶时开始着生第一花序，以后每隔1~2叶形成一个花序，通常主茎上发生2~4层花序后，花序下位的侧芽不再抽枝，而发育为一个花序，使植株封顶。无限生长型品种在主茎生长至8~10片叶，出现第一花序，以后每隔2~3片叶着生1个花序，条件适宜可不断着生花序开花结果。番茄为自花授粉作物，天然杂交率低于10%。

番茄花柄和花梗连接处有一明显的凹陷圆环，叫“离层”，离层在环境条件不适宜时，便形成断带，引起落花落果。

（5）果实及种子

番茄的果实为多汁浆果，果肉由果皮中及胎座组织构成，栽培品种一般为多室。果实形状及颜色因品种而异。

番茄种子扁平略呈卵圆形，表面有灰色茸毛。种子成熟比果实早，一般授粉后 35~40 d 具有发芽力，40~50 d 种子完熟。番茄种子发芽年限能保持 5~6 年，但 1~2 年的种子发芽率最高。种子千粒重 2. 7~3. 3g。

2. 生长发育周期

番茄的生育期可分为发芽期、幼苗期、开花坐果期和结果期四个时期。

（1）发芽期

从种子萌发到第一片真叶出现为发芽期，一般需 7~9 d。发芽期能否顺利完成，主要决定于温度、湿度、通气状况及覆土厚度等。

（2）幼苗期

由第一片真叶出现至开始现大蕾为幼苗期，约需 50~60 d。番茄幼苗期经历两个阶段：从破心至 2~3 片真叶展开即花芽分化前为基本营养生长阶段，这阶段主要为花芽分化及进一步营养生长打下基础；2~3 片真叶展开后，花芽开始分化，进入第二阶段，即花芽分化及发育阶段，从这时开始，营养生长与花芽发育同时进行。

（3）开花坐果期

番茄从第一花序出现大蕾至坐果为开花坐果期。开花坐果期是以营养生长为主过渡到生殖生长与营养生长同时发展的转折期，直接关系到产品器官和产量的形成。正常情况下，从花芽分化到开花约经 30 d。此期管理的关键是协调营养生长与生殖生长的矛盾。无限生长型的中、晚熟品种容易营养生长过旺，甚至徒长，引起开花结果的延迟或落花落果，特别是在过分偏施氮肥、日照不良、土壤水分过大、高夜温的情况下发生严重。反之，有限生长型的早熟品种，在定植后容易出现果坠秧的现象，植株营养体小，果实发育缓慢，产量不高。

（4）结果期

从第一花序坐果至采收结束。这个时期秧果同时生长，营养生长与生殖生长的矛盾始终存在，营养生长与果实生长高峰相继地周期性出现。番茄是陆续开花、连续结果的蔬菜。当第一花序果实肥大生长时，第二、三、四、五花序也逐渐发育。大量的营养物质运往正在发育中的果实，各层花序之间的养分争夺比较明显。一般来讲，下位叶片制造的养分供应根系和第一花序果实生长；中位叶片的养分主要输送到果实中；上位叶片的养分除供上层果实外，还大量地供给顶端生长的需要。

番茄开花授粉后 3~4 d 果实开始膨大，7~20 d 最快，30 d 后膨大到极限，40~50 d 开始着色，达到成熟。这一时期秧果同时生长，应加强肥水管理，并通过植株调整等措施保持营养生长和生殖生长的均衡，以达高产的目的。

3. 对环境条件的要求

（1）温度

番茄是喜温蔬菜，既不抗寒又不耐热。生长发育的适温范围在 10~33℃，生长的最适宜温度为 20~25℃。温度低于 10℃或高于 33℃时，植株发育不良；低于 5℃或高于 40℃时，植株停止生长；温度低于 0℃或高于 45℃时，植株很快受害死亡。

番茄在不同生育期对温度的要求也不相同。种子发芽的适温为 25~30℃，幼苗期的适温白天为 20~25℃，夜间为 10~15℃。开花坐果期对温度的反应比较敏感，开花前后要求更为严格，要求温度稍高，白天 20~30℃，夜间 15~20℃。结果期白天适温为 25~28℃，夜间为 15~20℃，温度低时果实生长缓慢，日温增高到 30~35℃时，果实生长速度虽快，但着色不良，果实着色的最佳温度为 24℃。整个生育期要求有一定的昼夜温差，白天接近适温上限，夜间接近适温下限，有利于植株和果实的生长，提高产量和品质。

番茄根系生长的适宜土温为 20~22℃温降到 9~10℃时根毛停止生长，5℃时根系吸收水分和养分的能力受阻。

（2）光照

番茄是喜光作物，对光周期要求不严格，多数品种属中日性植物，在 11~13 h 的日照下，植株生长健壮，开花较早。光周期的长短对番茄的发育虽不是一个重要因素，但光照强度与产量和品质有直接的关系。光照不足，易造成植株徒长，营养不良，开花减少，花器发育不正常，引起落花；光照过强，植株容易感染病毒病，或引起茎叶早衰，果实也易被灼伤。

番茄的光饱和点为 70 000lx，在栽培中一般应保持 3 0000~35 000lx 以上的光照强度，才能维持其正常的生长发育。

（3）水分

番茄根系发达，吸水力强，植株茎叶繁茂，蒸腾作用较强，果实含水量又高，对水分的要求属于半耐旱蔬菜，因此，既需要从土壤中吸收大量的水分，又不必经常大量灌溉。

番茄不同生育期对水分的要求不同。幼苗期应适当控制，第一花序果实膨大后，枝叶迅速生长，需要增加水分供应，盛果期消耗水分最多，这时供给充足的水分是丰产的关键。土壤湿度范围以维持土壤最大持水量的 60%~80% 为宜。番茄对空气相对湿度的要求以 45%~50% 为宜。空气湿度过大，不仅阻碍正常授粉，而且在高温高湿条件下病害严重。

(4) 土壤及营养

番茄对土壤的适应力较强，对土壤条件要求不太严格，除特别黏重，排水不良的低洼易涝地外均可栽培，但以土层深厚，排水良好，富含有机质的肥沃壤土最为适宜。土壤酸碱度以 pH6~7 为宜。

番茄在生育过程中，需从土壤中吸收大量的营养元素，其中以钾最多，磷最少。每形成 1 吨产品，需 3.54 kg 氮、0.95 kg 磷及 3.89 kg 氧化钾。在第一花序果实迅速膨大前，植株对氮的吸收量逐渐增加，以后在整个生育过程中，氮基本按同一速度吸收，至结果盛期达到吸收高峰；番茄对磷的吸收量虽然不大，但磷对番茄根系和果实发育作用显著；在果实膨大期，钾对糖的合成、运输及增大细胞液浓度、加大细胞的吸水量有重要影响。番茄吸钙量也很大，缺钙时番茄的叶尖和叶缘萎蔫，生长点坏死，果实产生生理性病害脐腐病。

(二) 日光温室越冬茬栽培技术要点

1. 品种选择

选择耐低温、弱光，抗病性强，商品性好的中晚熟品种。

2. 培育壮苗

适宜播种期为 8 月上旬至 8 月下旬。播种前先进行浸种催芽。育苗中要采取遮阴、防雨、防弱等措施。播种前后，苗床及周围严密喷药防蚜。苗床温度不宜超过 30℃，雨天加盖薄膜防雨。育苗期间注意不使夜温过高。为防止幼苗徒长，2 片真叶期喷一遍 1000×10^{-6}的助壮素。

2~3 片真叶分苗，可分入营养钵中。分苗后缓苗期间，午间适当遮阴，白天床温 25~30℃，夜间 18~20℃。缓苗后，白天 25℃左右，夜间 15~18℃。定植前数天，适当降低床温锻炼秧苗。苗期可喷 1~2 次杀菌剂，预防病害。

3. 定植

定植前 15~20 天，每 667 m^2 施 7500 kg 腐熟优质有机肥、50~60 kg 氮磷钾复合肥、100 kg 过磷酸钙，施肥后深耕耙平。采取大小行、小高垄栽培方式，大行距 70~80 cm，小行距 40~50 cm，垄高 15 cm。栽培株距 30~35 cm，每 667 m^2 定植 3200~3700 株。

栽苗后，浇透水，地面干燥后划锄，7~10 d 后，向植株覆土形成小高畦，并覆盖地膜。两行间地膜拉紧，便于膜下浇暗水。

4. 冬前及越冬期间管理

缓苗前后，注意覆盖好棚膜，白天棚温 28~30℃，夜间 17~20℃，地温不低于 20℃，以促进缓苗。缓苗后，适当降低棚温，白天22~26℃，夜间15~18℃。

采取单干整枝，及时抹杈、绑秧。第一花序坐果前后，为防止低温引起落花落果，可用30×10^{-6}的防落素喷花。果实坐住后，适当疏花疏果，每个果穗留3~4个果。第一花序的果似核桃大时，于高畦中间膜下浇水，每667 m^2随水冲施尿素15 kg，尽量浇透。越冬期间控制浇水。

及时揭盖草苫，尽量延长光照时间；阴雨天气，也要进行揭、盖，令植株接受散射光。棚内温度，白天20~30℃，夜间13~15℃，最低夜温不低于8℃。晴天，午间温度达30℃时，可用天窗通风。

越冬期间棚温偏低，通风量少，棚内若有机肥施用不足，会发生二氧化碳亏缺。为此，晴天上午9~11时，可实行二氧化碳施肥，适宜浓度为600×10^{-6}~800×10^{-6}。

冬前及越冬期间喷布乐果、甲氰菊酯等药剂，防治射虫、白粉虱、潜叶蝇等害虫。采用速克灵、百菌清烟熏剂（或粉尘剂）等交替使用，防治叶霉病、灰霉病、早疫病、晚疫病等病害。

四、茄子

（一）生物学特性

1. 植物学性状

茄子根系发达，成株根系可深达1.3~1.7 m，主要根群分布在30 cm内的土层中。茎直立、粗壮，为假二杈分枝。茎叶繁茂，茎木质化程度高，生长速度比番茄慢。单叶，互生，卵圆形或长卵圆形。花为两性花，花瓣5~6片，基部合生呈筒状，白色或紫色，根据花柱长短可分长柱花、中柱花和短柱花。长柱花花柱高出花药，为健全花；短柱花花柱低于花药，花小梗细，为不健全花。果实为浆果，以嫩果做食用，果实有线形、长棒形、卵圆形、圆形等形状，颜色有紫色、紫红色、白色、绿色等。茄子种子发育较晚，留种时需在果实充分成熟后才能保证种子质量。种子肾形，扁平，黄色，千粒重4~5g，一般寿命2~3年。

2. 生长发育周期

（1）发芽期

从萌动到第一片真叶显露为发芽期。茄子种子较小，发芽慢。发芽要求较高的温度，在30℃左右需6~8 d发芽。

（2）幼苗期

第一片真叶显露到门茄花现蕾为幼苗期。幼苗期内，4 片真叶期以前为营养生长阶段，4 片真叶期开始花芽分化，4 片真叶以后进入营养器官和生殖器官同时分化和生长阶段。

（3）开花着果期

从门茄现蕾到门茄坐住为开花着果期。茄子在开花授粉后，花冠脱落，但萼片不脱落，因子房膨大速度比花萼快，从而使幼果露出萼片，此时的形态为“瞪眼”。开花着果期内，营养与生殖生长并进，但以营养生长占优势，应适当控制肥水，防治徒长，促进养分向果实运输。

（4）结果期

从门茄坐住到拉秧为结果期。门茄坐住以后，果实生长速度加快，应加强肥水管理，促进门茄果实膨大及茎叶生长。

3. **对环境条件的要求**

（1）温度

茄子比番茄要求更高的温度，耐热性也较强，生长发育的适宜温度为 20～30℃，气温降至 20℃以下受精和果实发育不良，低于 15～17℃容易落花，低于 13℃生长停止。容易受高、低温危害，超过 35℃或低于 15℃会造成花器官生育障碍。茄子发芽的适温为 25～35℃，低于 15℃或高于 40℃不发芽，采用变温处理可促进种子发芽。

（2）光照

茄子喜光，对日照长度及强度的要求较高，光补偿点为 2000lx，饱和点为 40 000lx。日照延长，生长发育良好。结果期通风透光不良，光照减弱，光合降低，果实膨大慢，且色素形成不好，紫色品种着色不良，产量和品质下降。

（3）水分

茄子叶片肥大，结果较多，需水量较大。水分不足，结果少，果面粗糙，品质差。茄子虽较耐湿热，但空气湿度过大，易导致绵疫病的发生，造成大量烂果。田间积水，排水不良时易引起烂根。

（4）土壤和矿质营养

茄子比较耐肥，喜富含有机质的肥沃土壤。茄子的需肥规律大体上和番茄相似，但对氮素肥料要求较高，磷肥施用不宜过多。苗期氮素营养不足，花的质量差；结果初期缺氮，植株下位叶易老化、脱落；结果中、后期缺氮导致开花数减少，结实率下降，减产显著。土壤过湿，土壤溶液浓度过高时茄子容易出现缺镁症状，叶片主脉周围变黄失绿。

（二）栽培管理技术

1. 栽培季节

茄子的生育期长，全年露地栽培的一般分为早茄子和晚茄子两茬。早茄子栽培于早春保护育苗，晚霜后定植；晚茄子育苗较晚，于春季速生蔬菜或小麦收获后定植，一般能生长至早霜。

设施栽培茄子主要茬次有春早熟茄子、秋延迟茄子和越冬茬茄子等。

2. 整地、施肥

栽培茄子应选择有机质含量丰富，土层较深，保水保肥，排水良好的土壤。黄萎病发生较重的地区，要与非茄科蔬菜实行 5 年以上的轮作。

前作收获后，深耕一次，使土块经冻晒垡。至早春定植前再耕翻一次，施足基肥，整地作畦。一般畦宽栽双行。基肥多用腐熟的厩肥或土杂肥。一般 667 m^2 施有机肥 5000~7500 kg，三元复合肥 50~60 kg。

3. 育苗

茄子育苗的苗龄比较长，冬春季节育苗，一般需 80~90 d 的苗龄，夏秋育苗需 60~70 d。

冬春季节宜用温床育苗。每平方米播种 5~6g。出苗前适温为 25~30℃，地温 16~22℃。出苗后适当降温，尽量延长见光时间。白天床温不低于 25℃，夜间不低于 1℃，3~4 片真叶时分苗。定植前低温炼苗，白天床温 20℃左右，夜间不低于 12℃。育苗过程中，因茄子要求温度高，气温或地温过低时容易出现死苗及僵苗。

4. 定植

露地定植，应在土温稳定在 13℃以上时，定植过早，不利于缓苗，易受冻害或寒害。

茄子以采收嫩果为主，在一定的生长期内依靠增加单株结果数及增加单果重来提高产量受到限制，所以，适当增加密度是提高前期产量的主要途径。一般早熟品种每 667 m^2 栽植 2500~3000 株，中、晚熟品种每 667 m^2 种植 22 000~25 000 株。生长期较短，采用生长势中等的品种，每 667 m^2 株数可增至 4000~5000 株。定植时栽植的深度以茄苗土坨上部略低于畦面为宜。

5. 肥水管理

茄子定植缓苗后，如土壤干旱可浇一次缓苗水，但水量宜小，地表干后及时中耕 1~2 次，结合中耕，进行培土、蹲苗。茄子蹲苗期不宜过长，一般门茄瞪眼时结束，追肥浇水，促进果实膨大，可用优质农家肥，如大粪干、饼肥等。农家肥中掺入过磷酸钙 20～30 kg。也可用氮素化肥，每 667 m^2 施 15～20 kg，混合磷酸二铵 20～40 kg。结合这次追肥，在植株基部培土，防止植株倒伏。

对茄和四母斗茄迅速膨大时，对肥水的要求达到高峰，应每 4～6 d 灌溉一次，并追施速效性肥料。进入雨季后，应注意排水防涝。对生长期长的茄子应加强雨季后的肥水管理，防止早衰。

6. 落花落果及保花保果

春季栽培茄子，前期容易出现落花落果现象，这主要是由于光照弱、土壤干燥、营养不足、温度过低以及花器构造上的缺陷而产生。短柱花不论在强光还是弱光下，都会脱落；而长柱花，在强光下不脱落，而在弱光下容易脱落。温度过低引起落花，是与花粉管的生长有关。花粉管发芽生长的最适宜温度为 28～30℃，最低温度为 17.5℃，最高为 40℃。如果低于 15℃花粉管生长几乎停止。如果夜间温度在 15℃以下，白天温度太高，花粉管的生长时快时慢，也不能受精。早期的落花，除及时改善环境条件外，可用生长激素来防止。

7. 采收

茄子授粉后 7～8 d 果实迅速膨大，从开花到果实食用成熟一般约 20～25 d。茄子的采收期必须掌握适时，过早采收产量低，反之果硬种子多，不堪食用，且影响继续开花结果。果实正在生长期间，接近宿存萼片边沿的果皮呈白色或淡紫色的带状环。果实生长愈快，带状环愈宽，如不明显，说明果实生长缓慢，应及时采收。果实的光泽度有时也可作为采收的参考标准。

第四章　农业微观经济组织与宏观调控

第一节　农业的微观经济组织

一、现代农业的产权结构

所谓产权结构，指的是各个类型的产权所组成在一起的产权框架及其比例。其中，产权类型的划分是根据财产的所有权和使用权归属来进行划分的，这里所有权和使用权归属相比，所有权归属占据核心内容位置。

（一）产权与产权结构

1. **产权**

要了解产权的含义，就必须先搞懂财产主体与财产的含义。财产主体指的是生产要素所有者和使用者，财产指的是生产要素以及所产生出来的效益，而产权则是财产主体对于财产的一种权利，其实质是反映了人们在经济活动过程中围绕着财产而形成的一系列的经济权利关系。具体来讲，包括对于财产的所有权、使用权、处置权以及收益的分配权。

（1）财产的所有权

财产的所有权，指的是对于财产来说，拥有独自占有的支配权利。所有权主体有权去使用与处置财产，并且当财产在使用的过程当中产生经济效益时，所有权主体也有权去享受拥有这些经济效益。但与此同时，在享有权利的同时，也必须去履行与权利相对等的责任与义务。

（2）财产的使用权

财产的使用权指的是对于财产，可以进行占有与使用的权利。在日常生活中，经常会出现诸如财产所有权与使用权分离开来的情况。如果财产没有独立的使用权的话，那么财产的使用者就无法树立起独立经营的地位。财产使用者在拥有某些财产的使用权之后，也就相应地拥有了对于财产的收益权和处置权。于是财产的收益权和处置权也就相应地在财产的所有者和使用者之间分割开来。财产的使用者不仅仅需要对财产所有者承担相应的责任与义务，而且对于整个大社会，也需要去承担相应的责任与义务，也就是说，获得财产使用权的人其实就是一个民事法律主体。而且，财产使用者也必须严格遵守相关法律或契约规定，让出自己的一部分权利给财产使用者，并且对于财产使用者去履行一定的责任和义务。

(3) 财产的收益权

财产的收益权则是指财产在进行一系列经济活动中，当财产产生收益时，财产所有者和使用者拥有可以对这些收益进行分割的权利。通常情况下，财产在使用过程中，会产生收益，而恰恰因为财产能够产生收益，所以古往今来，成为人们相互争夺的对象。无论是对于财产所有者来说，还是对于财产经营者来说，都拥有权力去获得财产产生的收益。所以，财产的收益权是一种连带产权权能，并和财产使用者以及使用权密切地联系起来的，并且附属于财产所有权和使用权。

(4) 财产的处置权

当财产在自己手里，我们可以对其进行处置，比如更新、转移、重组等其他行为。而处置权是指拥有某种财产的权利人可以自主决定该财产的使用、转让或者销毁等权利。同收益权一样的道理，财产处置权也是一种连带产权。在各大经济活动中，经常要用到对于财产的处置权。究其原因是因为在市场经济条件下，财产不会平白无故地就产生收益，一般要通过市场，在市场中进行商品交换才能够形成财产收益，而且世界风云变幻，市场需求和供给结构也不断变化，机器、设备、技术等也就面临着需要更新、转移、重组，所以相应地也对财产提出了处置的问题。对于财产的处置权来说，只有所有者和使用者才能够掌握、拥有它。

综上所述，我们能够看出，财产权被赋予四种权能，分别是所有权、使用权、收益权和处置权。在这四种权利中，所有权和使用权是财产的主要权能；收益权和处置权则是财产的次要权能，它们是一种连带产权权能，也都附属于所有权和使用权。

2. **产权结构**

(1) 国有产权

国有产权，指的是生产资料归国家所拥有的一种产权类型，在社会主义公有制经济中占据重要位置，是社会主义公有制经济的重要组成部分。在我国农业中，国有产权主要是由两种形式构成，分别是：直接从事农业生产领域的国有农场、国有林场、国有牧场、国有渔场等；在某一个方面为农业服务的各个类型的农业企业和农业事业单位。其中，国有农场是最重要的内容以及形式。国有农场的土地、资产归国家所有。一般说来，国有农场规模比较大，也有着丰富的资源，科技装备水平也比较高，劳动生产率和商品率也是非常高的。自从 20 世纪 80 年代以来，国家针对国有农场的财务制度、人事制度和分配制度等其他制度，着手大力进行了很多改革，有效地推动了农场经济的全面快速发展。

（2）集体产权

集体产权则指的是生产资料归集体所拥有的一种产权类型，也是社会主义公有制经济的组成部分。对于我国农村的集体产权来说，主要包含以下部分：社区性（村级）合作经济、专业性合作经济、乡镇集体企业等其他经济。

（3）个体产权

个体产权则指的是生产资料归个人所拥有，其中，基于个体劳动，产生的劳动成果归功于劳动个人，从而劳动者个人可以去享有、支配。在我国农村，实行的依然是由农户家庭来承包经营的制度，其中在农业中，个体产权形式主要由三种类型构成：其一是承包经营土地等其他生产资料而产生的农户承包经济，这也是农业个体产权中最主要的类型；其二是农户可以有效地利用自己手里的资本、劳动力去从事诸如家庭家畜养殖、农副产品加工，以及商业等其他经营活动；其三是曾经归属于国有农场，现在从国有农场里分离开来的“职工家庭农场”。

（4）私营产权

私营产权则指的是生产资料归私人所拥有，基于雇佣劳动的一种产权类型。我国农业中的私营产权形式主要针对的是一些个体农户承包大范围的土地、水面，特别是一些大面积的荒山、荒岭、荒坡、荒滩、荒水，从事农业生产经营活动。因为生产范围很大，规模很大，所以，往往需要大量的劳动力去经营农业生产活动。

（5）联营产权

联营产权里的“联”，指的是不同种类的所有制性质的经济主体之间一起投资，从而形成经济实体的一种产权类型。在现代的农业生产过程中，联营产权主要是通过采用公司制的组织形式，包含诸如股份有限公司、有限责任公司等形式。

（6）其他产权

其他产权，顾名思义，则是指不属于以上任何类型的其他产权类型。中外合资（合作）产权就是属于其他产权。

（二）现代农业产权结构的基本特征

随着我国科学技术的迅猛发展，我国的现代农业生产力也在以极快的速度发展着。现代农业产权结构较之以往，发生了很大的变化。与那些传统农业阶段相比较，现代农业产权结构主要有以下几个基本特征：

1. 农业产权主体多元化

在现代农业生产中，生产资料的所有者以及使用者都归属于产权主体。对于生产资料所有者来说，存在着国有、集体所有、私有、联合所有等多种多样的形式。从生产资料使用者这个层面上来说，则包含自我经营者、向所有者租赁或者采取承包经营管理的独立法人、附属于所有者的组织或者个人。现代农业产权主体多元化，对于产权关系的调整、重新组合和灵活运转环节，很有帮助。

2. 农业产权关系明晰化

现代农业生产中，所有者与使用者之间，常常采取承包或租赁合同等形式，明确其责任、权利、利益之间的关系。在多个所有者中，不同的经济实体之间有着明确划分的财产边界。其实，即便是在集体或者联合体内部，各个不同的所有者之间也要凭借不同形式的财产所有权凭证，比如地产证、股权证、股票等凭证，明确划分其财产边界，这样做当然是有好处的。农业产权关系明晰化，可以有效地推动生产资料的合理使用，同时也可以促进财产的合理处置以及经营成果的有效分配。

3. 农业收益权实现多样化

在传统农业生产中，土地等生产资料的所有权，是享受拥有收益权的主要的凭据，在农业生产经营过程中，会依据劳动、资本、技术和管理等各个要素发挥的作用，拥有相应份额的收益权。农业收益权实现样式的多样化也成了构建现代农业运行机制的重要基础和客观凭据。

4. 农业产权交易市场化

在农业生产经营过程中，现代农业生产资料，无论是进行所有权的让出，抑或是使用权的流转，都可以在产权市场下进行相互交易。在产权市场下，凭着公开、公平、公正的交易原则，不但能够保证交易主体享有正当的权益，而且也能够有力地促进农业生产资源的合理配置和有效利用。

二、现代农业的家庭经营

所谓农业家庭经营指的是以农民家庭作为一个相对独立的农业生产、经营单位，以家庭劳动力为主去从事的农业生产与经营活动，所以又称为农户经营或者是家庭农场经营。现代农业的家庭经营主体是农民家庭，主要采取的是家长制或户主制管理，像管理分层的内部治理这种情况是不存在的。它有力地强调通过使用家庭劳动力为主要方式，而不是采取雇工经营为主要的方式进行农业生产与经营。

（一）家庭经营作为农业主要经营形式的理论分析

农业经营方式有很多种，在众多的经营方式中，采取家庭经营作为农业主要经营形式，如果进行理论分析的话，可以从以下几个方面进行阐述：

1. 农业的产业特点与农业家庭经营

在农业生产中，有生命力的动植物要有效地吸收阳光、空气、水分等养分才能生产出相应的动植物产品来。在这个过程当中，生物对于环境具有主动选择性，这一点与非生命动植物对于环境表现出来的机械式、被动式的反应不一样。机械式的、被动式的反应取决于外部环境提供的物质和能量，但是生物体表现出的反应则是受生物体内部的功能状况所决定的，并且自身就可以进行调控。随着我国科技的迅猛发展，人类既能够改变生物内部的构造，也有办法去改变生物所需要的外部环境。但是，无论时代如何变迁，人类都无法否定生命本身运动的特性，也没有办法去完全地更改生物所需要的外部环境，从而造成了农业生产有着以下两个特点：

其一，农产品的生长是一个连续不断的过程，各个环节之间有先后性，不会像生产工业产品那样有着并列性。因为，在工业生产过程中，生产出的产品没有生命，从投入材料到产品成型，人们都可以按照自己的意志去设计，程序可以变更，作业可以交叉进行，可以在多条流水线同时完成作业。而且劳动工具和劳动对象也能够集中在一起，能够在一个单位时间把更多的劳动力和生产资料集合在一起，从而生产出大量产品，进一步提高生产效率。但是，农业生产就不一样了，因为各种作物都有着自己的季节性和周期性，生长的每一个阶段中，都有着严格的间隔和时限区别，所以，生物的生长只能由一个阶段通往另一个阶段连续不断地进行。

其二，从事农业生产活动中，农业有着严格的季节性和地域性，在生产时间与劳动时间上会出现错综复杂、不一致的情况，所以，农业劳动支出也不具备平衡性。“橘生淮南则为橘，生于淮北则为枳”，各个农产品生产必须坚持因地制宜，不可按照个人的意愿随意更改生产地点。

近年来，我国的农业科技也在大力发展。①大规模地使用机器，更为先进的生产方式也逐渐引入农业中来，看起来农业生产也逐渐向工业靠拢，但事实却不是这样。虽然机器的使用使农业的生产效率更好，人们可以高效从事农业生产环节，但是所有农业机器的使用都无法直接加速动植物的生长过程，更没有办法去改变其生长顺序。②各种新型化肥应运而生，进而有效地拓宽、延伸了农业利用自然力的空间，但即使这样，也无法改变生物的生长过程。③生物科学技术也迅速地发展起来，各种新型生物品种也被及时有效地发明出来，能够去改变生物发育的性能，但是这也同样需要遵循生命生长过程的各个规律。所以，虽然我国农业科技在大力地发展着，但是它们都无法去更改农业生产的基本特性。

农业劳动应该采取怎样的组织形式，这成为一个有争议的问题。采用雇佣劳动、集体劳动这样的组织形式会更容易在短时间内实现规模效率。但是，还需要考虑到内部激励和监督问题，因为一个组织如果缺乏了内部激励和监督，劳动成员会缺乏前进的动力，整个组织也会成为一盘散沙。解决激励问题，首先需要明确去计量劳动者劳动的质与量，并与后来的报酬联系在一起。但是在农业生产过程中，地域辽阔，自然条件也截然不同，也鲜有中间产品，所以，劳动成果常常体现在最终产品上。这就意味着在农业劳动中，每一个劳动者在每时每刻、每个地方的劳动支出，对于最终产品的有效作用程度都很难去计量出来。所以，也只有将每一项劳动都与最终的劳动成果直接联系在一起，劳动者的生产积极性才能充分被激发出来，而这却只能在家庭经营的环境下，才能更好地做到。当劳动者的利益直接取决于他的工作时，便产生了刺激，这种刺激是大农场所不能产生的，不管它是私有的、公有的、合作经营的还是国有的。在农业生产中，由于农业自然环境的复杂多样性，人类无法对其控制，也就要求农业的经营管理方法要体现灵活性、及时性和具体性。至于生产决策、经营决策都要有效地做到因时、因地、因条件制宜，从而实现准、快、活。若要实现这些目的，就必须将农业生产经营管理中的决策权分给直接劳动生产者，也就是将劳动者和经营管理者结合在一起，进而取得更好的效益。从某种方面来说，无论是农业劳动，还是经营管理，它们都有着较强的分散性，取得的成果也有很大不同。农民所取得的劳动成果，在很大程度上要取决于各个农民在生产经营环节进行合理有效的安排，也取决于全程细心地作业和管理，更取决于对市场的准确预测。这些特点也都决定了家庭经营是农业生产中一种比较合适的组织形式。

当然，人们也会考虑到通过劳动力市场，让有潜在能力的劳动者与在职的劳动者形成竞争，解雇不合格的劳动者，让有潜力的劳动者来替代不合格、旧的劳动者，从而在农业雇佣劳动中能够更好地激励员工。但是，正如前文所述，计量和监督劳动是一个长久存在的根本难题，所以即使新的劳动者取代那些旧有的劳动者之后，仍然会涌现出类似问题。

2. 分工协作与农业家庭经营

工业的发展经历了很多过程，从简单协作到分工协作，然后再到机械化生产。所谓协作，指的是很多人在同样的生产过程中，抑或是虽然在不同的但是有着互相联系的生产过程中，有组织、有计划地一起协同劳动。如果劳动者之间没有固定分工的话，那么这样的协作就叫作简单协作；如果劳动者之间存在比较固定的分工，那么这样的协作就叫作分工协作。分工协作有很多好处，能够使劳动者不断地积累经验，进一步改进劳动技能，从而有效地提高劳动强度；分工协作还可以促进生产工具的有效利用，从而进一步提高劳动生产率；分工协作也能够使劳动更加具有组织性，如连续性、划一性、规划性以及秩序性等。所以，工业中的分工协作有着种种好处，但是农业中的分工协作却并非如此，它并不是像在工业中那样快速发展，究其原因是由农业生产自身所具有的性质所决定、限制的。

在工业的分工协作中，不同专长的劳动者会集在一起生产一种产品。如果要生产一辆马车，需要用到车匠、锁匠、漆匠、描金匠来一起劳作，这些工匠们齐心协力完成一辆马车，从而有效地提高劳动生产率。可是，农业生产中却不是这样的，各个农业生产对象都有着自己的生长发育规律，从而也就决定了农业生产过程中分工协作不可能是复杂的。农作物生长有着特定的季节性、周期性、时间有序性，受到这些原因的影响，农业生产只能遵循自然界固有的时间，也就是在季节的限制约束下，依次进行各种作业。由于农业生产一般是在土地上进行的，不适合移动，不能像进行工业生产那样，汇集大量的生产条件，通过各种各样的大量作业同步进行生产产品。在农业生产过程中，同样一个时期的作业其生产过程比较单一，即使是不在同一个时期的作业，也能够通过同一劳动者连续完成。

在农业的分工协作中，把各有专长的劳动者会集在一起，去生产同样的产品，所以，农业的分工协作常常是简单协作。在很多人的手里同时间一起完成同一个却无法分割的操作时，简单协作是远远优于个人独立性劳动的，比如，常见到的播种、抢收、抗灾以及修建水利设施等生产活动，通过分工协作，可以极大地缩短时间，不耽误农时，有效地提高丰收产量。但是如果超过这样的范围，效果却不理想，至多也不过是单个劳动者力量的直接、机械式的总和。如果管理水平不高的话，效果还不及单个劳动者力量的总和。究其原因是这样不仅会加大监督成本，也很有可能会产生偷工减料行为，还有可能会造成窝工浪费的现象。所以，在具体实践中，农业的分工协作，一定要具体分析，具体对待，不能不加分析地将工业中的协作方式生搬硬套到农业中。因为农业生产过程中的大部分作业不是像工业那样采取严格的条框限制，即使对于某些简单的协作也不能够产生非常明显的效果，所以，农业生产过程中，不适合采取工厂化劳动，但是家庭经营的方式，却非常适合。

3. 农业技术进步与农业家庭经营

在农业生产过程中，一般来讲，所采取的农业技术分为两大类：其一机械技术类，包括各种各样的机械设备，能够使得生产过程更加机械化、自动化。其实，农业机械技术的本质在于用一部分物力去取代人和家畜的力量，有效地增大每一个劳动者所生产和经营的范围以及数量，从而在提高劳动生产率的基础之上，来增加经济效益；其二是生物、化学技术，主要包括种子、化肥、生长饲料、农药、生长激素等，这一类的技术本质在于直接改变生物本身，可以为动植物的有效生长提供良好的环境，在提高土地、农作物、动物的生产率的基础之上来增加经济效益。如果从研究和推广的角度进行分析的话，我们会很容易地发现，农业技术和工业技术是一样的，是在很多工作者一起协作的基础之上完成任务。但是，两者所需的条件却是不同的。

（1）大多数农业技术的运用能够由单个人完成

一般来讲，农业生物、化学技术能够由单个人来完成，即使像大多数的农业机械也依然能够由个人来操作。但是，工业技术却并非完全是这样，因为众多的机械设备需要多个个体或者是很多人齐心协力进行操作，否则就不能正常操作。农业机械能够由单个人操作来完成任务，究其主要原因是农业机械技术的极大进步。农业机械越来越小型化，可以很好提高社会劳动生产率，而且个体完全用得起。农业越来越机械化与农业生产本身的性质有着紧密的联系。农业机械不管如何变化，都要遵循生物生长的需要，尤其是对于种植业机械，作业不仅要遵循生物的生长规律，而且也需要在辽阔的田地里分散流动作业，可以穿行在作物之上。这些特点都决定了农业机械不会像工业机械一样去形成大型化的生产线，在农业生产中，也只有小型化的农业设备更方便，更有利于使用，更深受农户们的喜爱。

（2）不同类型的农业技术关联性较小

如今，在农业生产中，地广人稀的国家会优先选择农业机械化技术，通过增大耕地范围，有效地实现农业总产量的增加；针对那些人多地少的国家，则会优先采取生物和化学技术，有效提高单产的同时，也进一步实现了农业总产量的增加。即使农业机械技术、生物和化学技术都对同一个植物产生作用，但是它们却不一定会同一时间进行使用。即使是对于农业机械技术来说，关联性也比较小。在农业生产过程当中，可以采取在某一个作业流程里运用农业机械，在另外一个作业流程里不去采用农业设备。比如，在进行播种、收割和运输这些环节时，可以使用农业机械，在除草、施肥环节里可以不去使用农业设备。这就使得农业生物与化学技术运用彼此之间的关联性比较小，所以，不同类型的农业技术关联性也比较小。

（3）许多农业技术的运用可以不受家庭经营规模的限制

虽然某些农业技术运用中，会有一些最低的作业规模要求，但是采取社会化服务体系能够攻克单个家庭经营规模的种种限制，去完成一些农业技术运用的外部规模化经营、管理。比如说，农户们可以合买，或者一起共有，或者一起使用合作社或专业公司所销售、经营的大型播种机、大型收割机、大型种子机械，当然农民家庭也可以自我创新，去促进农业机械技术的不断进步。对于生物、化学技术来说，由于它们含有很强的可分性，一般不会受到农场经营规模的约束。

4. 家庭的社会经济特性与农业家庭经营

在从事农业生产的过程中，家庭成员之间在利益目标上，有着强烈的共鸣，从而大大地把农业家庭经营的管理成本降到最小化。因为家庭并非是单纯的经济组织，也并非是纯粹的文化或者政治组织，支撑整个家庭的存在绝不仅仅受限于经济利益这根纽带，而是有着诸如血缘、感情、心理、伦理和文化等众多的超经济的纽带。这根纽带在很多方面都会促使成员间有着强烈的整体目标和利益认同，也很自然地把其他家庭成员的要求、利益以及价值取向，内化为自己本身的要求、利益与价值取向。所以，在家庭中，不需要去依赖经济利益的驱动，就很容易保持自身的目标和利益与其他家庭成员的一致性。因为家庭里弥足珍贵的婚姻、血缘关系，能够使得家庭经营组织具有比较持续、长久的稳定性。比如上一辈对于下一辈各个方面的寄托所形成的继承机制，一般而言，能够使得家庭经营预期时间长，并能够为完成这种预期自发、自愿地进行协作。相比较于其他的经济组织，农业家庭经营有着与众不同的激励规则，使得家庭成员之间挥洒汗水，努力工作，不需要去精心计算劳动产量，也不需要用报酬去激励家庭成员。所以，一般情况下，农业的家庭经营不需要外在的监督，就可以自发地努力工作，使其具有很少的管理成本。

每个家庭成员性别、年龄、体质、技能等各方面的差别，也有利于实行分工协作的方式，从而有效地利用劳动力，当然也有利于有效地实行家庭经营组织方式，进行家庭劳动者和其他劳动者之间的合理分工，无论是在时间上，还是在劳动力的充分利用方面，都能发挥出很好的水平。在以前的传统社会里讲究“男耕女织”，这个生产方式使得一个大家庭浓缩成了一个“小而全”的生产单位，在现代化农业生产中，这种分工协作的方式仍然存在着。在进行劳动安排时，平常闲暇时候可以一人为主，忙碌时全家一起上阵，必要情况下，还可能会雇用一些人员。在农闲的时候，除了安排照顾的人员之外，其他家庭成员可以外出兼职工作，从而使得劳动时间被分割得十分细密。在琐碎的农业活动中，一些闲暇的、辅助性的劳动力也能够得到有效的利用。这在严格细密划分的企业组织机构里，一般很难做到，但是家庭的自然分工却能够很容易地做到，并满足农户的各种需求。

（二）中国农业家庭承包经营

农业家庭承包经营，是在坚持土地等生产资料属于集体所有这样的前提之下，将土地承包给个体农户，从而有效地确立了家庭经营的主体性地位，与此同时也赋予农户拥有充分的生产经营自主权利。农户采取承包这样的方式，去承包集体的土地，所获得的是对本集体土地的使用权，也就是我们说的土地承包经营权。在进行土地承包经营时，农民针对所承包的土地，也就有了充分的经营自主权和收益权，农户们可以根据市场供应需求关系，选择那些效益比较好的农作物进行种植，也就有效地打破了过去那种传统的统一计划的经营模式。采取农业家庭承包经营方式，可以大大地激发农民的生产积极性，也有力地提高了中国的农业生产，同时农民的生活水平也得到了很大的改善。

1. 农业家庭承包经营体制的产生

种种实践表明，实行“队为基础，三级所有”这样的农村人民公社制度给中国现代农业生产力的发展带来了严重的影响。在这样的制度里，农民无法拥有经营自主权，市场也不能有效地发挥出配置资源的基础性作用，所以，农业不但无法满足社会经济发展的需求，就连农民自身的生存问题都无法解决。20 世纪 80 年代初，武陵山区的恩施、湘西等地仍有几百万人生活在衣不遮体、食不果腹、房不避风雨的贫困线上，贫困发生率在 60% 以上。贫困状态下，连生存都是个问题，更不用说富裕了。

2. 农业家庭承包经营所取得的绩效

农业家庭承包经营制度是一项非常重要的制度，是中国进行的一次伟大创举，该创举不仅大大地增加了农业的产量，使得农业出现了“黄金时期”，而且在如此短的时间里，上亿人口的生存、温饱问题得到了有力地解决。所以，农业家庭承包经营在让农民受益的同时，也有着很大绩效。可是，要准确地测算农业家庭承包经营制度到底产生多少效益是十分困难的。因为农业家庭承包经营制度在具体实施过程当中要受到很多其他制度的影响，而且我国科技水平的不断进步也发挥了很大的作用，要将科技水平不断进步的贡献与农业家庭承包经营制度的贡献分开也是十分困难的。具体来说，中国农业在实行家庭承包经营制度时，所取得的绩效主要有以下两点：

（1）激励功能增强

在实行家庭承包经营制度时，农户拥有独立的产权主体和利益主体，在达到所规定的承包任务或者在遵循国家所颁布的相关法律法规的情况下，拥有全部的剩余索取权以及相应的处置权，因为法律法规也规定可以允许农户拥有除土地之外的资产的私有产权，所以大大地增加了产权的排他性。退一步讲，即使是存在家庭内容成员之间的“搭便车”问题，因为这里成员规模极大地减少，也就极大地增强了激励功能。最后的结果便是，在家庭责任制下的劳动者有着最高的激励效果，这不仅仅是由于他努力的付出都得到了应有的回报，而且他们也极大地降低了监督的费用。相比较生产队制度，家庭承包制是一次大大的创新，究其原因是大大地节约了“评工记分、统一分配”所需要的费用，而且从某种程度上来说，也有效地避免了由于劳动努力程度降低所导致的各种产出损失以及对于集体资产滥用、浪费的情况的发生。

（2）资源配置效率的提高

在农业家庭承包经营制度下，农民不仅获得了比较独立的经营自主权，而且也有着很强的激励功能，从而使得农业资源的配置效率大大地提高，生产可能性边界向右转移。农民可以立足于自己的利益，根据相对价格信号来及时有效地调整资源配置，从而达到收益的最大化，但是在之前的人民公社时期，由于各种资源配置是由那些生产队长、大队长甚至公社书记做出的，也因为这种决策无法把责任与利益建立直接的对等关系，所以，资源配置效率十分低下。

（三）农业家庭承包经营的进一步发展与完善

世界上没有完美无缺的事情，农业家庭承包经营也是如此。它有着众多的优点，也存在着某些弊端，这一点不容置疑。随着我国信息科技的不断发展，农业家庭承包经营也会进一步发展与完善，具体表现为以下两点：

1. 稳定农业家庭承包经营，准确地处理农地产权关系，在有条件的地区有效地促进农业规模经营的形成

国家已经对农业家庭承包经营，尤其是对土地承包问题给出了十分明确的规定，只有在遵循相关法律法规的基础上去进行家庭承包经营，才能有效地使现代农业微观经济组织发挥出更大的作用来。种种历史实践已经表明，家庭承包经营在农业中具有朝气蓬勃的生命力，应该坚定不移去推行。依法让农民从事家庭承包经营，不让那些以个人主观偏好去影响家庭承包经营的情况发生。农业家庭承包经营中，最核心的问题是农民、土地产权关系的处理，正确地贯彻和实行农村土地承包，不仅可以有效地维护农民的经营自主权，进一步稳定农业家庭承包经营，而且也有力地促进了农地二级市场的建立，极大地促进了农民土地的有序流转，进而推动农业规模经营的形成，从而使得我国有着越来越高的农业国际竞争力。在某些经济发达地区，农业已经具备了去实行规模经营的条件。这也就需要当地政府针对本地经济发展的具体情况，有效地制定出适合于本地的政策法规，通过农民土地的依法流转，有效地推动本地农业规模经营的形成。

2. 农业家庭承包经营组织化特别是产业关联程度的提升

如今，我国的农业现代化水平越来越高，农业的社会化分工也越来越精细，产业关联程度也会朝着越来越强的方向发展。以新制度经济学层次来看的话，当市场经济发展到某一程度，市场主体之间的关系也就不能纯粹地依赖交易来进行维持，社会经济的快速发展产生了需要用非市场组织取代市场交易的需求。为了有效地解决农业家庭承包经营所遇到的分散性、不经济性，同时也为了满足社会不断增长的对于农产品的需求，也需要在大力

支持家庭承包经营制度的基础上，根据合同制、专业合作经济组织以及一体化经营等各种形式来不断地加强农户的组织化，尤其是产业关联程度。

三、农业产业化经营

（一）农业产业化经营的特征

在中国，农业产业化经营的基本组织形式有三种，分别是：农产品市场+农户、农业龙头企业+农户以及完全一体化经营。农业产业化经营有着四大特征，分别是：

1. 生产专业化

所谓生产专业化，主要是紧紧围绕着主导产品或支柱产业从事专业化生产，农业生产过程中的产前、产中、产后环节通过一个系统来有效地运行，从而实现每个环节的专业化都能顺利地与产业一体化有效协同、结合起来。等农业商品经济逐渐发展到一定程度、到达一定阶段时，农业生产专业化也就产生了。如果从农业分工与协作原理进行分析的话，可以看到农业专业化是形成农业产业化经营的一个非常重要的原因；如果从实践经验角度进行分析的话，可以看出农业生产专业化也是农业产业化经营的一个主要的特征之一。在农业生产专业化的不断发展、不断推动下所形成的一系列区域经济、支柱产业群、农产品商品基地等，也成功地为农业产业化经营打下了坚固的基础。

2. 企业规模化

农业生产专业化的效率能够有效地通过大生产的优越性体现出来，由于农业生产经营规模的不断扩大，极大地方便了去采用先进的农业科学技术，也大大地节约了农业生产成本，同时也为农产品的成批大量地生产、加工、销售环节奠定了很好的基础。从表面上看，企业规模化有利于扩大、拓展、延伸生产经营规模，但是企业规模化更重要的意义在于从事农产品生产、加工和销售的农户和企业之间在生产要素的组成比例方面达成匹配，极大地节约了生产要素，有效地为农业产业化顺利经营创造了条件。

3. 经营一体化

所谓经营一体化，指的是多种形式联合在一起，形成了市场牵引龙头、龙头带领基地、基地又与农户联合在一起的贸工农一体化经营体制，从而呈现出外部经济内部化的状况，有效地节约了交易成本，极大地提高了农业的比较利益。在具体实践中，有各种形式的经营一体化，比如，常见的生产销售一体化、生产加工销售一体化以及资产经营一体化。

4. **服务社会化**

通常情况下，服务社会化，体现为通过合同稳固内部一系列非市场安排。不管是对于公司来说还是对于合作社来说，农业产业化服务都是在朝规范化、综合化的方向发展着，也就是有效地将产前、产中和产后各个不同的环节服务统一在一起，以此形成综合性生产经营服务体系。其中农业生产者一般情况下只需去从事一项或者几项农业生产作业，而其他项工作则是通过综合性生产经营服务体系来完成，从而极大地提高了农业的微观效益以及宏观效益。

（二）农业产业化经营产生与发展的原因

随着现代农业技术的不断进步与发展，农业也逐渐采用合同制和一体化经营的方式，有效地提高了农业生产的专业化、企业化、规模化以及社会化水平，也就是形成了我们所说的农业产业化经营。农业产业化经营产生与发展的原因主要体现在以下五大方面：

1. **适应消费者对食品消费需求变化的需要**

随着我国社会经济的不断发展，我国的社会人口结构也出现了诸多的变化，不论是对于男性还是对于女性，他们在外工作的时间也越来越长。人们生活、工作的节奏也越来越快，对于便利食品和快餐、已加工食品的需求也越来越高，有力地促进了中国食品加工业的发展。但是，一般情况下，由于食品加工业经营管理规模比较大，为了有效地保障农产品等其他加工原料源源不断、稳定地供应，又需要企业与农产品的生产者建立一种稳定的联系。与此同时，近几年来，随着人们生活水平的不断提高，人们对于生活质量尤其是对于食物质量提出了越来越高的要求，消费者越来越在意食品的品质和质量安全，对于食物也提出了诸如新鲜、低能量、低脂肪等越来越多的其他要求。这也就对食品加工企业提出了更多的要求：其务必要有专门的农产品原料生产基地，与此同时对于农产品整个生产过程也要有效地做到监督、控制。要完成这些要求，必须要不断地提高农业的组织化程度，并整理融合农业的相关产业链条。这些都极大地提高了农业产业化经营水平。

2. **缓解农产品生产季节性和消费常年性矛盾的需要**

由于农产品生产周期一般比较长，农产品在生产过程中不仅有明显的季节性，而且生产期间还具有新鲜易腐性。但是我们需要一年四季地消费农产品，且需要价格不能上下变动太大。为了有效缓解农产品生产季节性和消费常年性的矛盾，就务必要通过一系列措施，比如，农产品的储藏、加工、运销，使农产品的保质期有所延长，从而也方便了长距离运输。农产品生产季节性和消费常年性这一根本性矛盾是经营管理农业过程中，农业产业化产生与发展起来的内在和根本原因。

3. 降低经营风险的需要

伴随着农户经营规模的不断扩大，农户专业化水平的不断提高，不仅要亲历自然风险，而且要亲历更大的市场价格波动风险。总结下来，农业龙头企业亲历了三类风险，分别是：其一，处于中间环节的投入品的农产品和生产出来的已成品在市场上的价格波动风险；其二，处于中间环节的投入品的农产品因为数量不稳定从而引起的农业设备利用率低的风险；其三，因为没有安全保障的食品对人类造成的健康危害以及在产品生产加工的各个环节中对于水体、空气和土壤等造成的一系列污染所面临的被惩罚风险。这些都有力地说明了，无论是对于农业还是农业企业，他们都面临着巨大的风险，降低经营风险这一共同期望会不断推动他们向稳定的交易或合作关系的方向发展。

4. 降低市场交易费用的需要

无论是从流通环节还是从农户与市场的关系进行分析，无论是对于购买产前的生产资料，还是对于销售产后的产品来说，仅仅依靠农户自己去交涉的话，交易的费用是非常高的。农户们在购买种子、饲料、农药等生产资料时，关于质量方面的信息会非常明显地偏袒供给者这一方，农户没有影响供给的能力，导致他们常常只能无可奈何地接受价格。从农产品销售方面来说，农户仍然处在被动、不利的地位，面对眼花缭乱的市场，农户的预见能力和信息收集能力有限，所以，常常会就近选择那些离自己比较近的市场，并只能去接受购买者的各种约束、限制。无论是在生产资料购买环节，还是在农产品销售环节，农户都处在不利地位，所以，农户需要为此付出高额的交易费用，进而导致交易费用极高，难以继续进行下去，出现“市场失灵”。而农业龙头企业交易费用的节约主要体现在降低种子、饲料销售和农产品等各个方面的购买，以及在寻找、评价、质量检测和签署有关契约等方面的费用。自从农业产业化经营组织建立起来，农户和农业龙头企业都能够大大地降低交易费用。

5. 解决农产品质量信息不对称的需要

在农产品的各个加工环节中，针对农产品的质量，因为农产品的供应者和加工者提供的信息存在不对称的情况，而加工者又无法全面了解其质量信息，所以，如果想要清楚地掌握这些质量信息，就需要付出相当高的检测成本。如果农产品的供应者和加工者仅仅是在市场上进行贸易往来，那么加工者也很难得到符合质量要求的农产品。有效地采取合同或一体化方式，能够在某种程度上完成对于农产品及其生产环节的监督和控制，从而有助于凭借较低的成本就能够得到符合加工质量所要求的农产品。

第二节　农业宏观调控

一、农业宏观调控的概念及其必要性

（一）农业宏观调控的概念

从一般意义上说，宏观调控是指在市场经济条件下，以中央政府为主的国家各级政府为实现经济总量和结构的平衡，保证整个国民经济持续、快速、健康地发展，并取得较好的宏观效益，从宏观经济运行的全局出发，运用经济、法律、行政等手段，对国民经济需求和供给总量、结构等进行的管理、调节和控制的一种管理方式。

在这一概念中，以中央政府为主的国家各级政府是宏观调控的主体，国民经济需求和供给总量、结构等国民经济总体是宏观调控的客体；实现经济总量和结构的平衡，保证整个国民经济持续、快速、健康地发展并取得较好的宏观效益，是宏观调控的目的；从宏观经济运行的全局出发是宏观调控的立足点与出发点。宏观调控主要是运用经济、法律、行政等手段。农业宏观调控的对象是农业经济运行总体，调控主要解决的问题是农业本身的发展以及农业与国民经济其他部门之间的关系。

农业宏观调控是一般意义上的宏观调控在农业部门和领域中的特殊体现。因此，农业宏观调控是以政府为主体，着眼于经济运行的全局，运用经济、法律和必要的行政手段，从宏观层次上对农业资源的配置进行调节与控制，以促使农业经济总需均衡、结构优化、要素合理流动，保证农业持续、稳定、协调地发展。实质上，农业宏观调控是在市场经济条件下政府干预农业的一种表现形式，可以从以下几个方面理解农业宏观调控：第一，农业宏观调控是与一定的市场经济阶段相适应的。发达、成熟的市场经济与不发达、不成熟的市场经济相比较，农业宏观调控的内容和手段不可能完全相同，应当允许有一个从不完善、不健全到比较完善、比较健全的演进过程。但农业宏观调控的本质属性是不会变的，开放经营后政府撒手不管，或者出现波动后纯粹运用旧体制下已经习惯了的行政手段进行干预绝不是宏观调控。第二，农业宏观调控手段总是与一定的经济体制相联系的。在市场经济体制下，农业宏观调控是市场经济下的政府行为，其调节手段以经济手段为主，辅之以法律手段和必要的行政手段，充分尊重和运用市场配置资源的方式。第三，政府作为宏观调控的主体，在农业发展中起“引导、支持、保护、调节”作用。即引导农村经济结构和农业生产结构调整，帮助农民进入社会主义市场经济轨道；加强对农业的支持，改善农业和农村经济发展的外部环境；完善对农业的保护，促进农业生产持续稳定发展；改革宏观调控方式，确保农业经济的正常运行。其中，“调控”只是政府对农业经济运行发挥作用的一部分，更多地强调利用经济手段调节农产品供求，降低市场波动。

搞好农业宏观调控，对于有效利用农业资源，保持社会对农产品总供求的基本平衡，实现农业和整个国民经济持续稳定协调发展，具有重要意义。

（二）农业宏观调控的特征

尽管我国农业已经由自给农业向商品农业和市场农业、由传统农业向现代化农业转变，但农业依然是一个开放性的弱质产业，农业宏观调控具有自身的特点。

农业宏观调控目标是农产品需求与供给总量的平衡。政府作为调控的主体，重点调控的是关系国计民生的战略性农产品（如粮、棉、油等）的总量以及满足人民日益多样化需求的优质农产品的均衡供应，而不是农产品生产经营者的微观市场主体的个别经济行为。

农业宏观调控具有较大的弹性和灵活性。农业经济受自然环境和市场行情影响较大，我国农业生产经营的主体是2亿多农户，以家庭承包经营为基础，实行统分结合的经营制度，经营决策分散性强，这就使农业宏观调控的难度较大。国家对农产品生产经营目标和计划主要依靠经济手段输入农户，并通过合同形式纳入农户经营决策之中，同时受科技水平的限制，经营规模小、经营空间分散，在辽阔的空间里自然条件差别又很大，生产成本不稳定。因此，农业宏观调控的作用和力度也必然留有较大的余地，调控的空间较大，路径较长，变数多。

农业宏观调控以间接调控为主。现在的农业经营者主要是自主经营、自负盈亏的独立农户，农民既要承受自然灾害的风险，又要承受来自市场的经济风险。绝大部分农产品是由市场机制起基础性作用，农业宏观调控的重点是保持战略性农产品的供需平衡以平抑物价，调动农民的生产积极性。

调控手段是以经济利益机制为主。追求经济利益，增加收入是市场经济通行法则，也是农民发展农业经济的直接动力。政府对农业进行宏观调控的核心是尊重农民的自主权，保证农民增收以调动其生产积极性，并作为使用调控手段的首要出发点。比如，减轻农民负担，以保护价收购农民粮食等都是提高农业经济效益，把农民积极性引向更高阶段的调控措施。

（三）农业宏观调控的必要性

从市场经济理论与实践来看，市场机制的缺陷是政府在市场经济中进行宏观调控的基本原因。单纯的市场调节不能完全保持农业生产的持续稳定发展，农业发展中出现的一些问题，如农民利益的保护问题就是市场调节本身无法解决的。政府实施农业宏观调控，能够优化农业资源配置，弥补市场机制不足，抑制通货膨胀，减缓经济波动，协调工农利益，增进农村社会福利。因此，在充分发挥市场机制对农业调节作用的同时，加强农业宏观调控，对保证农业的持续、稳定、健康发展具有重大意义。对农业进行宏观调控，主要基于以下理由：

1. **市场机制的局限性**

市场机制有效配置资源的前提是要有一个具备完全竞争的市场，没有价格扭曲，要素价格能够充分反映要素的稀缺程度，产品价格能够充分体现产品的供求关系。但是，现实中的市场都具有一定程度的不完全性，使得市场机制对资源配置的调节作用受到制约。只有借助政府的宏观调控，才能使这种竞争的不完全性控制在最小限度内。而且，市场机制的调节是一种事后调节，这种调节容易引起经济起伏，需要政府进行事前调节以预警，防止产生大的经济波动。

2. **农业的弱质性**

在与其他产业的竞争中，农业处于相对不利的地位。随着经济的发展，城市和非农业用地不断增加，地价不断上涨，土地用于非农产业的报酬远远高于农业，使农地的流失不断增加；由于农业的比较利益低下，使得农业中的资金和较高素质的劳动力流向非农产业，造成农业的资金短缺和高素质劳动力缺乏，农业发展后劲不足；相对于新兴的非农产业来说，农业生产周期较长，技术进步相对较慢，农业剩余劳动力的转移又相对滞后于非农产业产值份额的增加，使得农业劳动生产率比较低；农产品的需求弹性比较小，恩格尔定律的作用，农产品不耐贮运等特点，使得农业的贸易条件不断地恶化，农民收入增长乏力，农民与非农民就业者的收入差距拉大。这就说明农业具有先天的弱质性，要解决这些问题必须依靠政府的宏观调控。

3. **农业发展进入新阶段的要求**

改革开放多年来，我国农业实现了由生产力水平低下、农产品短缺到综合生产能力提升，农产品总量供求基本平衡到丰年有余的历史性飞跃。人们的温饱问题解决以后，对农产品的质量、营养、安全等提出了更高的要求。可见，农业的发展不仅受到资源的约束，还会不断地受到需求的约束。如果不能适应这种新的变化，就可能出现增产不增收的状况。由于我国步入市场经济时间短，市场运行机制还不健全，农产品的流通体制、价格机制、市场信息反馈机制等都有待健全和完善。要解决这些矛盾和问题，就有必要对农业进行宏观调控。

二、农业宏观调控的地位与作用

（一）农业宏观调控的理论依据

从理论上讲，在市场经济条件下，政府对农业进行宏观调控的依据是由市场机制的缺陷与农业本身的产业特征决定的。农业本身具有的特征所引发的一系列问题，需要政府在市场配置资源的基础上，采取一定的政策手段加以宏观调控。导致市场在农业中失灵的主要原因是农业的外部性、公共产品性和不稳定性。

1. 农业的外部性

农业的外部性有正有负，涉及许多方面。正的外部性，从农业对生态环境的外部性来看，包括形成农业景观、生物多样性保持、二氧化碳吸收、保持水土等；从农业对经济的外部性来看，包括经济缓冲作用、国土空间上平衡发展、确保农村活力等；从农业对社会的外部性看，包括社会的稳定作用、确保劳动力就业和社会福利替代等。负的外部性包括水土流失、水资源消耗、地表水和地下水污染、野生动物栖息地丧失等。在没有特定政策干预和特殊制度安排的情况下，经济活动主体既没有获得来自正外部性的经济补偿，也没有负担所应承担的相关费用，即市场及价格机制没有反映或没有全面反映这一经济活动的全部成本或收益；从整个社会来看，资源配置无法达到最佳状态，从而引起社会福利的下降。

农业外部性的出现取决于多种因素，特别是农业的生态环境外部性取决于农业生产活动的类型、使用的农业技术、作物品种、集约水平、农业资源状况以及产权制度等多种因素。农业对于经济缓冲、扶贫、农业劳动力就业以及社会福利替代所具有的外部性，在很大程度上取决于经济发展水平。一般而言，发展中国家经济发展水平较低，农业人口比重大，农村社会保障体系缺乏，农村贫困问题较严重，农业对于经济缓冲、扶贫、农业劳动力就业以及社会保障替代具有较大的正的外部效应。

2. 农业的公共物品性

农业多功能所提供的许多非商品产出具有不同程度的非排他性和非竞争性，即具有公共产品或准公共产品的部分特性。因为农业的非商品产出很难对其进行产权界定，作为农业的溢出效应对生产者以外的其他人发生影响，使其受益，难以实现不支付报酬就不让他消费，因而在其作用范围内具有非排他性。由于其影响或受益范围因非商品产出的不同而不同，农业非商品产出在不同的范围内具有不同程度的非排他性。农业非商品产出的特点也决定了其具有不同程度的非竞争性，如粮食安全带来的社会稳定，良好环境所带来的高生活质量，生物多样性所带来的选择价值和存在价值，等等。在一定程度上，一个人对这些非商品产出的消费不会影响其他人对它们的消费，即具有不同程度的非竞争性，因而社会不应该排除任何人消费该商品的权利。

3. 农业的不稳定性

农业受自然条件影响，调整难度大。由于农业的自然再生产与经济再生产交织在一起，使得农业受自然条件影响很大。而自然条件是变化无常的，因此，农业生产相对不稳定。农业生产本身具有周期性，且生产周期长，生产不易调整，也会导致农业的波动。

开放条件下，农业更易受市场冲击。由于宏观经济环境的变化或不景气，对农业造成冲击。如加入世贸组织以后，农产品贸易趋于自由化，国内农业受到国际市场的冲击而出现较大的波动；经济不景气时，劳动力市场受到冲击，农业剩余劳动力转移困难，农民收入减少；而在经济景气时，又出现大量劳动力涌向非农产业，由于比较利益的驱使可能会出现耕地的荒废。

农产品的市场供需均衡实现困难。由于土地等自然条件的限制和动植物本身生物学特性的制约，使得农产品短期供给的弹性比较小。但由于人们对农产品的需求刚性，价格对供给量的反应非常敏感，难以实现农产品的市场供需均衡。当某些因素导致价格和产量出现一定程度的波动时，会产生蛛网效应。另外，农产品价格与供给间的互动关系还受动植物生理机能的影响，由于农业的生产周期较长，许多农民对价格的反应又具有滞后性，市场的自行调节难以使农产品的供给及时追随市场价格的变化，会造成农产品的短缺和过剩效应的放大，使农业生产产生较大的波动。

农产品生产者很难在市场波动中受益。农产品大多具有易腐性，不耐贮存，且贮存费用高，所以，收获后生产者会立即出售，即使市场价格低廉也必须出清。反之，产品稀少时，虽然市场价格高，但在短期内无多余的库存立即供应市场，无法满足市场需求。因此，农产品一经产出，其供给即已固定。

由于农业存在多方面的外部性、公共物品性和不稳定性，必然造成这一产业的私人投资不足，发展不充分，这就要求政府必须建立农业保障机制和农业市场调控机制。

（二）农业宏观调控的地位

确立社会主义市场经济体制就是要使市场对资源配置起基础性作用，实现资源配置的优化。但是市场并不是万能的，需要政府从宏观上进行正确地调控。农业宏观调控是国民经济宏观调控中最基本的调控，或者说农业宏观调控是国民经济宏观调控的基础。主要有以下三个方面的原因：

1. **农业在国民经济中的基础地位，决定了农业宏观调控的地位**

农业是直接从自然界取得物质资料的部门，因此称为第一次产业。农业是人类社会的衣食之源和生存之本，在世界上所有国家国民经济的发展中处基础性的地位，在满足本国人民生活需要和在对外贸易方面具有举足轻重的作用。在社会主义市场经济体制下，市场机制对资源配置起基础性的决定作用。然而，农业宏观调控却关系到保持农业和农村经济的持续稳定发展、改革开放及现代化等全局问题。加强农业宏观调控，是保持农业增产、农民增收和农村稳定的需要，也是实现全国稳定，推进整个国民经济现代化的需要。如果政府实施了有效的农业宏观调控，就保持了农业与农村的稳定，也就稳住了国民经济的“大头”，全国性的宏观调控就有了基础，就可以掌握全国宏观调控的主动权。因此，从总体上看来，有效的农业宏观调控不仅可以促进农业持续发展，提高农业经济效益，而且还可以确保农业劳动力就业，保障农村社会的稳定，进而有利于整个社会的稳定。

2. **农业宏观调控可以为国民经济其他部门的发展创造有利条件**

有效的农业宏观调控，可以正确地引导农业生产，保障农民的利益，大大调动农民的积极性，提高农业劳动生产率，创造更多的农业剩余产品，从而为社会分工创造有利的条件，为国民经济其他部门的独立和进一步发展创造有利的条件。

3. **农业宏观调控间接地促进了国民经济其他部门的发展**

农业剩余产品和剩余劳动力为国民经济其他部门的发展创造了条件。马克思说：“超过劳动者个人需要的农业劳动生产率是一切社会的基础。”农业生产力发展水平和农业劳动生产率高低，决定了农业能为其他产业提供多少的农产品数量和剩余劳动力，也决定和制约了其他部门发展规模与速度。因此，对农业实施有效的宏观调控，直接促进农业发展，进而间接地影响着其他产业的发展。

（三）农业宏观调控的作用

农业宏观调控的作用主要是强调宏观调控对农业本身发展以及农民增收、农产品市场供给与需求等方面的作用。农业宏观调控是在充分发挥市场机制的基本调节作用的基础上，政府从全局出发，运用经济、法律、行政等手段，对农产品的供给总量、农业结构、农民收入等进行管理。农业宏观调控对于推动农业农村经济全面发展起到巨大的促进作用。

1. **有利于保持农产品在市场上供给和需求的大体平衡**

实践证明，发展农业生产，保证农产品特别是粮食的有效供给是实现国民经济高增长、低通货膨胀的重要基础。农产品尤其是粮食的充分供应，对稳定物价总水平、保持良好的宏观经济形势有着重要的支持作用。

政府对农业宏观调控主要是通过以下两个方面的措施来实现的：一是不断加大财政支出，加大农业基本设施建设的力度，建设旱涝保收，稳产高产农田，降低不良自然条件对粮食生产的影响力，力求最大限度地减小粮食产量的波动幅度；二是健全国有粮食等重要农产品储备体系，不断提高应付重要农产品产量波动期对宏观经济形势产生负面影响的能力。

2. 有利于增加农民的收入，提高农村消费能力

我国人口中，农民占多数，农民收入水平在很大程度上影响着整个国民经济运行的质量和速度。农民收入增加，对国内市场的发展和提高农村消费能力都至关重要。对农业实施有效的宏观调控，是发展农业生产、增加农民收入、开拓农村市场、扩大内需的重要途径之一。

3. 有利于优化农业产业结构，进而优化农村产业结构

涉农部门经济结构以及整个国民经济结构的调整和优化，有赖于农业经济结构的调整和优化的支持。这是因为，随着农业产业化进程的发展，必将促进农村其他产业经济的发展，同时，农业也是农村建筑业、采掘业、工业以及其他服务业发展的基础，实施农业宏观调控可提升产业和农产品结构层次，从而为农村剩余劳动力转移，发展第二、三产业创造有利的条件。农业宏观调控将使大农业结构发生较大变化，比如，在保证粮食等植物性农产品供给的同时，通过农、科、教一体化等形式，促进畜牧业、林业和渔业的发展；通过调整经济政策，加快乡镇企业发展的进程，促进农村加工业、运输业、服务业的发展，从而优化农村产业结构。

4. 有利于加强农业基础设施建设，改善农业生产环境，促进农业的可持续发展

农业宏观调控的重要手段是加速农业基础设施的财政投入，这是改善农业生产环境，促进农业可持续发展的重要保证。比如，“退耕还林”“退耕还牧”“退耕还湖”等农业宏观调控措施的实施，防护林工程、大江大河大湖的治理以及对妨碍环境保持良好状态的工业发展的规划和调控等，都有力地协调了粮食生产与其他各产业之间的关系，营造了良好的生态环境，为农业可持续发展创造了有利条件。农业抵御自然灾害的能力十分薄弱，只有改善农业生产环境，提高农产品质量，才能解决好农产品供需矛盾，为解决其他社会问题提供物质保证。农产品丰富了可以平抑物价，发展农产品加工业。进行农产品综合开发、专业化生产和农产品加工，既可以吸纳农村剩余劳动力，又可以吸引城市资金、技术向农村延伸转移，为城市企业跨行业经营、职工分流、解决下岗职工分流创造条件。因此，农业宏观调控，使农业承担一定的因改革和产业结构调整必须支付的社会成本，对维护社会稳定起到重要作用。

三、农业宏观调控的手段及功能

（一）农业宏观调控的对象

农业宏观调控主要是调控农业市场，政府通过市场作为中介，引导和协调农业生产经营活动。由于农业是弱质产业，农业宏观调控以间接调控手段为主，主要是调控农产品总量和结构平衡，以保持农业内部以及农业和国民经济总体之间的协调和平衡，促进农业经济结构的优化，引导农业经济持续、快速、健康地发展，推动农业和农村的全面进步。

1. 农业市场是农业宏观调控的直接对象

在社会主义市场经济条件下，要发挥市场机制在资源配置中的基础和决定性作用。政府通过市场作为中介，引导和协调农业生产经营，使农业生产经营者的微观经济活动符合党和国家制定的农村经济发展战略目标的要求，所以，农村市场的繁荣，在整个宏观调控中发挥着极其重要的作用。

因此，农村市场是农业宏观调控的直接对象，政府对农业进行宏观调控时主要保证市场机制按照其内在运行规律运行，通过经济杠杆或经济参数来调节农业市场，即政府向农业市场输入保证农业经济发展战略目标实现的经济参数，使其在市场运行中发生内部机理的转换，最终输出符合农业宏观调控要求的市场信号来达到对农产品生产经营决策引导的目的。而农业市场通过经济规律的作用，自发调节市场供给和需求，也就是调节生产者和经营者之间的利益关系。

2. 农业市场的范围及其发展趋势

农业市场，有狭义和广义之分。狭义的农业市场主要是指农产品的流通市场。广义的农业市场包括：与农业生产相关的生产资料和服务性市场，如农药、化肥等农业生产资料市场；与养殖业有关的饲料、医药、防疫等市场；种子、种苗、科技服务和生产服务市场；农产品贮藏和加工市场；等等。

农业宏观调控的农业市场，主要是指调控产品流通市场，也包括农业生产资料和农业科技、生产等服务市场。随着生产力水平的提高和农业科技的快速发展，农业市场呈进一步深化和扩展的趋势。一方面，农业科学技术的发展，使得农业市场有深化的可能，比如，农业科技园市场、生物科技市场；另一方面，现代农业观使农业市场有扩展的趋势，比如，农业功能的扩展，农业要为人类提供良好的生活环境，绿化、美化、净化生态环境等，而农业功能的扩展使农业市场进一步扩大，比如，荒山使用权的拍卖等。

除了以上从经济学的角度分析农业宏观调控外，根据政治经济学的观点，农业的宏观调控还包括农业中农业生产关系的调整和结构优化。

（二）农业宏观调控的内容

政府进行农业宏观调控，目的是要通过各种直接和间接的干预措施，消除农业的弱质性，保持农业持续、健康、稳定的发展，其主要内容包括以下五方面：

1. 保护农业，提高农民收入

农业是整个国民经济的基础，在工业化初期，农业要为工业的发展提供资本积累，但由此所转移的农业经济利益绝不能超过农业剩余，要保护农业具有进一步扩大再生产、为社会提供更多农业剩余的能力。农业是天生的弱质产业，农业技术进步相对较缓慢，资源调整较难；随着经济不断发展，产业不断分化，产业结构不断升级，农产品的需求弹性越来越小；农产品是典型的“同质产品”，不易创新，内部不像第二、三产业那样容易分化，造成农业的贸易条件不断恶化，比较利益下降。因此，在工业化后期，对农业实行真正意义上的保护政策，从而使经济利益向农业净流入，缩小农业与非农产业就业人员的收入差距，成为政府对农业宏观调控的重要目标。

市场经济的运行不断地追求着效率的最大化，在这一过程中，如果没有外力在维护收入分配公平的话，那么，效率与公平的矛盾，以及其外部的表现形态，社会的贫富分化，将会变得严重起来，直到危及社会的稳定。农民的收入低于非农产业就业人员，这是世界各国农业中的一个普遍性问题。恩格尔定律的存在和农业剩余劳动力向外转移速度缓慢，是造成农民收入低下的经济原因。市场本身不能够保证农业与非农产业就业人员之间的收入公平，解决这一社会问题，必须通过政府行为来加以协调。应该说，农业与非农产业就业者存在一定的收入差距，有利于整个产业结构的调整，有利于农业人口的向外转移。

2. 支持农业生产发展，满足社会对农产品的需求

政府对农业的宏观调控，要着眼于提高农业的生产力水平，保证农业持续、快速、健康地发展。生产力水平是提高农业生产率的基础条件，是世界各国政府对农业进行宏观调控的重要目标之一。一方面，农业生产率的提高是其他农业宏观调控目标得以实现的前提，如在农业人口和耕地面积增长停滞，甚至下降的情况下，要实现农产品市场的稳定和农产品的可靠供应，就必须不断地提高农业生产率水平；而且也只有当农产品产量的增加建立在农业生产率提高的基础上，农民收入增加的目标才比较容易实现。另一方面，农业生产率水平的提高也是增强农产品国际竞争力的重要保证和农业现代化的根本标志。

随着人口的增加和人们收入水平的提高，社会对农产品的需求也将不断地增加，但由于耕地减少、土地荒漠化、水资源短缺以及其他水旱病虫等自然灾害，使得中国等发展中

国家农产品供给能力面临挑战，从数量上满足社会对农产品的需求，仍然是发展中国家的重要任务。

3. 培育农业市场机制，稳定农产品市场

政府对农业的宏观调控，必须建立在市场机制充分发挥作用的基础之上。如果市场机制不完善，势必要增加政府对农业宏观调控的力度、范围和难度，而政府行为失灵，又会造成更大的效率损失。因此，政府必须首先培育农业市场机制，让市场充分发挥配置资源的基础性作用，政府只对农业市场失灵的部分进行宏观调控。

4. 提供农业所需的公共物品

由于公共物品的外部性特征，一般情况下，市场主体不会提供公共物品，而政府才是公共物品最合适的提供者。为了支持农业，保护农业，提高农业生产效率，保证农业持续、快速、健康发展，促进农业资源有效配置，为农业提供公共物品是政府宏观调控的一项重要任务。

政府为农业提供的公共物品最主要的是，为农业服务的大中型水库、大型排灌输水渠道、道路、通信等基础设施，以及农业研究、技术推广咨询、农村基础教育和农业培训等。

5. 保护农业资源，改善生态环境

农业是与自然资源和生态环境的关系最为密切的产业。一方面，农业的发展离不开良好的生态环境，离不开自然资源的支撑；另一方面，农业生产又对自然资源和生态环境产生很大的影响，不当的生产方式，会损害生态系统的平衡，造成自然资源的破坏和浪费。自然资源及生态环境系统的损害，则会影响农业的可持续发展。良好的生态环境是一种稀缺的资源，具有巨大的正外部效应。

因此，政府对农业的宏观调控还必须十分注意保护各种农业资源，如土地资源、水资源、林业资源、海洋资源、各种生物资源等，保护环境，维护生态平衡，实现资源的可持续利用和农业的可持续发展。以自然资源的可持续利用和农业的可持续发展为内容的生态环境目标，应该是政府对农业进行宏观调控的基本目标之一。

四、农业宏观调控的原则及手段

（一）农业宏观调控的原则

1. 间接调控原则

在农业宏观调控体系中，实施农业宏观调控的主体是政府，接受农业宏观调控的对象是企业和农户等微观经济单位。政府的宏观调控，就是要把微观经济单位分散的经济活动统一

于整个社会的大目标之下，使微观经济主体的行为符合整个社会经济发展的要求。但是，政府对微观经济单位的调控，并不是“政府—农户、企业”的直接作用过程，而是“政府—市场—农户、企业”的间接作用过程，即政府的调控通过市场传递给农户和企业来产生作用，这就是间接调控原则。因此，农业宏观调控的基本思路和运作过程是，政府调节市场，市场引导生产经营主体。在这里，政府调控是宏观层次的，其直接作用的对象主要是市场；而市场调节是基础层次的，其直接调节的对象是农户或企业。在“政府—市场—农户、企业”的运行体系中，市场处于中介或轴心的位置，市场接受政府体现社会偏好的调控信号，再把这些信号传递给微观经济单位，农户和企业对变化了的市场条件做出反应，按照利润最大化的准则调整资源配置和生产经营行为，最终使微观主体的行为符合宏观调控的要求。所以，农业宏观调控最重要的特征就是间接调控，是通过市场客观的调控。

2. 兼顾公平与效率原则

市场机制可以解决效率问题，却不能解决公平问题。因此，调节收入分配，实现社会公平，就成为政府实现宏观调控的基本政策取向。由于公平与效率是一种交替关系，对公平的追求会引起效率损失，而没有效率支撑的公平则又是毫无意义的。因此，政府在宏观调控中坚持社会公平取向的同时，必须兼顾效率，做到公平与效率兼顾，社会效益和经济效益统一。兼顾公平与效率原则，要求政府在实施农业宏观调控时，必须以不排斥或限制市场机制正效功能的发挥为前提；也就是说，凡是市场机制能够做好的事，政府就不要插手干预，而应放手让市场去完成，以提高经济运行的效率。政府的职责就是努力为市场机制充分发挥作用创造必要的条件，或通过弥补市场的缺陷而使市场机制更充分地发挥调节功能。

3. 政企分离原则

宏观调控是典型的政府行为，为了确保市场竞争的公平性和政府调控的有效性，宏观调控指令的载体或执行者必须是政府或准政府部门，如农产品专储部门、中央银行等，而不是具有自身利益的商业企业或其他组织，真正做到政企分开，否则将事倍功半，甚至有很大的反作用。要建立良好的政企关系，政府必须为农业企业创造良好的制度环境、市场环境，主要是指建立健全社会保障制度，建立企业的联合、改组、兼并、破产制度，改革银行金融制度，建立资本市场、产权交易市场、劳动力市场等。

（二）农业宏观调控的手段

在宏观调控手段上，学界一般认为有计划手段、经济手段、法律手段、行政手段等。并且，这些手段互相联系、互相制约、协调配合，共同作用于市场，构成宏观调控手段体系。

1. 计划手段

计划手段是政府通过统一规划的发展战略，统一规划协调资源配置以及对宏观经济的检测，引导国民经济正常运行。社会主义市场经济条件下的计划手段以市场为基础，反映市场经济中宏观经济活动规律，其突出特点是宏观性、战略性、政策性，它是指导性或导向性的计划，是符合价值规律的客观要求的。

在市场经济中，政府制订经济发展计划是对未来的发展目标、发展途径的设计与谋划，是对一定时期经济发展目标的具体化、数量化，以及对经济发展的重点、途径、手段、时间进度的安排。

农业中的计划手段包括制定和颁布农业发展战略、农业发展计划和农业规划。农业发展战略为农业发展指明方向，成为制订农业发展计划的依据；农业发展计划是政府对农业中期、短期发展的安排；农业发展规划是对农业发展远景的谋划，也常用于专业性、区域性的长远发展计划。

2. 经济手段

经济手段指运用经济政策、经济杠杆，通过调节各种利益关系，实现宏观经济政策目标的一种调控工具。经济手段作为宏观调控手段中最为主要也是最为重要的手段，在一定的经济理论和经济政策的指导下，利用经济杠杆的撬动、经济参数的变化，实现干预调节经济活动的目的。

经济手段主要包括财政手段、货币手段和金融手段。财政手段具体包括国家预算、税收、国债、财政补贴、财政管理体制、转移支付制度等，这些手段既可单独使用，又可以相互配合协调使用。农业宏观调控的经济手段可以划分为直接经济手段和间接经济手段。

直接经济手段是市场经济条件下农业发展中的政府宏观调控手段，依靠使用直接的经济手段是一个重要方面。主要体现在政府对农产品的价格、订购、储备、市场等经济方面施以积极的影响。

间接经济手段主要是政府通过制定农业经济政策，指导和影响农业经济活动，体现政府宏观调控农业经济的思想及主张，反映政府的农业发展方向和目标。

3. 法律手段

法律手段指运用经济法律规范，通过经济立法和经济司法进行宏观经济调控，维护经济秩序的一种工具。市场经济中的法律规范是极其重要的，如果没有完整严密的法律体系以及相应的立法、司法和执行职能，就没有市场经济的正常运转。法律手段通常是通过调整各种经济关系和维护市场秩序，为宏观经济政策的实现和国民经济的良性循环创造条件。

由于农业具有社会效益高、经济效益低、受自然条件影响大的特点，在国家工业化过程中，农业往往处于十分不利的地位，农业和农民的利益很容易受到损害。但农业是国民经济的基础，也是国家安定的基础，国家对农业必须采取特殊的措施加以保护和支持，并把国家对农业的支持政策法律化、条理化，同时加强农业执法。法律手段和经济手段不同，它不是以物质利益为诱导，而是以超经济的国家强制力量来确定权利、义务关系。市场经济是以法制为基础的经济，随着农业经济体制改革的深化，法律手段在农业宏观调控中的作用必将日益增强。“以法治农”是发展方向，关键是要借鉴其他国家的经验，运用政策指导农业的同时，强化经济立法工作，建立起完备的农业法律体系，加强农业的基础地位。

因此，必须形成一套系统的适应市场经济发展和农业宏观调控的法律监督体系，既包括农业基本大法，又包括农业投资、农业资源与环境保护、农民产权和权益的保护、农产品质量监测、规范市场交易秩序等专门法律，以法治农，以法管农。

4. 行政手段

行政手段是国家凭借行政权力，用颁布行政命令和依靠行政措施等调节经济活动的一种工具。必要的行政手段是整个宏观经济管理体系中不可缺少的组成部分，尤其是对于我国这样尚处在市场经济机制建设和完善过程中的国家来说，运用必要的行政手段，能够及时解决重大的、有关国计民生的全局性问题，是恢复经济秩序的有效措施。

实行市场经济，并非取消行政手段，而是要调整它与经济杠杆等宏观调控手段的关系，为经济杠杆正常发挥作用创造条件。对于运用经济手段不能很好地奏效或者不适合运用法律手段来进行规范的粮食问题，则应该大胆而坚决地运用行政手段加以干预。

第五章　农业生产要素管理

第一节　农业自然资源管理

一、农业自然资源的开发利用

（一）农业自然资源开发利用的内涵与原则

1. 农业自然资源开发利用的含义

农业自然资源的开发利用是指对各种农业自然资源进行合理开发、利用、保护、治理和管理，以达到最大综合利用效果的行为活动。农业自然资源是形成农产品和农业生产力的基本组成部分，也是发展农业生产、创造社会财富的要素和源泉。因此，充分合理地开发和利用农业自然资源，是保护人类生存环境、改善人类生活条件的需要，也是农业扩大再生产最重要的途径，是一个综合性和基础性的农业投入和经营的过程，是一个涉及面非常广泛的系统工程。

2. 农业自然资源开发利用的内容

（1）土地资源的开发利用

土地资源对农业生产有着极其重要的特殊意义，现有大多数农业生产是以土地肥力为基础的，因而土地资源是农业自然资源最重要的组成部分，对土地资源的合理开发利用是农业自然资源开发利用的核心。对土地资源的开发利用包括耕地开发利用和非耕地的开发利用两个方面。

（2）气候资源的开发利用

气候资源的开发利用包括对光、热、水、气四大自然要素为主的气候资源的合理利用。当前的农业生产仍离不开对气候条件的依赖，特别是在农业投入低下、土地等其他资源相对短缺的条件下，更应该充分利用太阳能、培育优良新品种、改革耕作制度，提高种植业对光能的利用效率，加强对气候资源的充分合理利用。

（3）水资源的开发利用

水资源主要包括地表水和地下水等淡水资源，是农业生产中的重要因素，尤其是各种生物资源生存生长的必备条件。对水资源进行合理地开发利用，关键是要开源节流，协调需水量与供水量，估算不同时期、不同区域的需水量、缺水量和缺水程度，安排好灌排规划及组织实施。

（4）生物资源的开发利用

生物资源包括森林、草原、野生动植物和各种物种资源等，是大多数农产品的直接来源，也是农业生产的主要手段和目标。对生物资源的开发利用，应该在合理利用现存储量的同时，要注意加强保护，使生物资源能够较快地增殖、繁衍，以保证增加储量，实现永续利用。

3. 农业自然资源开发利用的原则

在农业自然资源的开发利用过程中应遵循以下原则：

（1）经济效益、社会效益和生态效益相结合的原则

农业自然资源被开发利用的过程，也是整个经济系统、社会系统和生态系统相结合的过程。因此，在开发利用农业自然资源的过程中，既要注重比较直观的经济效益，更要考虑社会效益和生态效益，协调三者之间的关系，从而做到当前利益与长远利益相结合，局部利益和整体利益相结合。

（2）合理开发、充分利用与保护相结合的原则

合理开发、充分利用农业自然资源是为了发展农业生产，保护农业自然资源是为了更好地利用和永续利用，两者之间并没有根本的对立。人类对自然界中的各种资源开发利用的过程中，必须遵循客观规律，各种农业自然资源的开发利用都有一个量的问题，超过一定的量度就会破坏自然资源利用与再生增殖及补给之间的平衡关系，进而破坏生态平衡，造成环境恶化。如对森林的乱砍滥伐、草原超载放牧、水面过度捕捞等，都会使农业自然资源遭到破坏，资源量锐减，出现资源短缺乃至枯竭，导致生态平衡的失调，引起自然灾害增加，农业生产系统产出量下降。因此，在开发利用农业自然资源的同时，要注重对农业自然资源的保护，用养结合。

（3）合理投入和适度、节约利用的原则

对农业自然资源的合理投入和适度、节约利用，是生态平衡及生态系统进化的客观要求。整个农业自然资源是一个大的生态系统，各种资源本身及其相互之间都有一定的结构，保持着物质循环和能量转换的生态平衡。要保持农业自然资源的合理结构，就要使各种资源的构成及其比例适当，确定资源投入和输出的最适量及资源更新临界点的数量界

限，保证自然资源生态系统的平衡和良性进化。

（4）多目标开发、综合利用的原则

这是由农业自然资源自身的特性所决定的，也是现代农业生产中开发利用自然资源的必然途径。现代化农业生产水平的高度发达，使得农业自然资源的多目标开发、综合利用在技术上具有可行性。为此要进行全面、合理地规划，从国民经济总体利益出发，依法有计划、有组织地进行多目标开发与综合利用，坚决杜绝滥采、滥捕、滥伐，以期获得最大的经济效益、社会效益和生态效益。

（5）因地制宜的原则

因地制宜就是根据不同地区农业自然资源的性质和特点，即农业自然资源的生态特性和地域特征，结合社会经济条件评价其对农业生产的有利因素和不利因素，分析研究其利用方向，发挥地区优势，扬长避短、趋利避害，把丰富多样的农业自然资源转换成为现实生产力，促进经济发展。

（二）农业自然资源的开发利用管理

农业自然资源的开发利用管理，就是要采用经济、法律、行政及技术手段，对人们开发利用农业自然资源的行为进行指导、调整、控制与监督。

1. 合理开发利用农业自然资源的意义

（1）合理开发和利用农业自然资源是农业现代化的必由之路

农业自然资源是农产品的主要来源和农业生产力的重要组成部分，也是提高农业产量和增加社会财富的重要因素。在社会发展时期，受生产力发展水平的影响，农业自然资源的开发和利用也受到相应的制约。在社会生产力较低时，人们对农业自然资源是被动有限的利用，不可能做到合理的开发利用；随着社会生产力的提高，特别是随着现代科学技术的应用，人们已经能够在很大程度上合理地开发利用农业自然资源来发展农业生产，不断提高农业的集约化经营水平和综合生产能力。我国目前面临着农业自然资源供给有限和需求增长的矛盾，而充分挖掘和合理开发利用农业自然资源，提高农业劳动生产效率，创造较高的农业生产水平，是解决这一矛盾的主要手段，也是实现我国农业现代化的必由之路。

（2）合理开发和利用农业自然资源是解决人口增长与人均资源不断减少这一矛盾的途径之一

当前世界各国都不同程度地存在着人均资源日益减少、相对稀缺的问题，我国的这一矛盾更为突出。针对这一问题，合理地开发利用农业自然资源，提高农业自然资源的单位产出效率，使有限的农业自然资源得到最大的利用，是解决这一矛盾最有效的途径。

（3）合理开发和利用农业自然资源是保护资源、改善生态环境的客观要求

农业自然资源的开发利用不合理，会导致资源的浪费和衰退。同时，工业“三废”的大量排放和农业生产过程中化肥农药的过量使用，以及对农业自然资源的掠夺式开发利用等，还会使生态环境受到严重的污染和破坏，既影响了农作物的生长和农业生产的发展，也危及人类和动物的健康。目前，我国以及世界很多国家和地区，自然资源的过度开发和生态环境的恶化都已十分严重，已经危及到了人类的健康和生存。因此，在农业自然资源的开发利用过程中，不能只看眼前的、局部的利益，而应该做长远的、全面的考虑，把发展农业生产和保护资源、维护生态环境结合起来。只有对农业自然资源加以合理地开发利用，形成农业生产和环境保护的良性循环，才能实现这一目标。

2. 农业自然资源开发利用管理的目标

（1）总体目标

农业自然资源的开发利用管理，总体目标是保障国家的持续发展，这一总体目标也规定了农业自然资源开发利用管理的近期目标和长远目标。其中，近期目标是通过合理开发和有效利用各种农业自然资源，满足我国当前的经济和社会发展对农产品的物质需求。长远目标则是在开发和利用农业自然资源的同时，保护农业自然资源生态系统，或者在一定程度上改善这一系统，以保证对农业自然资源的持续利用。

（2）环境目标

自然资源的开发利用是影响环境质量的根本原因，而农业自然资源所包括的土地、气候、水和生物资源是人类赖以生存的自然资源的基本组成要素，因此，加强对农业自然资源开发利用的管理，如控制土地资源开发所造成的土地污染、水资源开发中的水环境控制等，就是农业自然资源开发利用管理的环境目标。

（3）防灾、减灾目标

这里的灾害是指对农业生产活动造成严重损失的水灾、旱灾、雪灾等自然灾害。在农业自然资源开发利用过程中，通过加强对自然灾害的预测、监测和防治等方面的管理，可以使自然灾害造成的损失减少到最低限度，对于人类开发利用农业自然资源所可能诱发的灾害，应当在农业自然资源开发利用的项目评价中予以明确，并提出有效的防治措施。

（4）组织目标

国家对农业自然资源开发利用的管理是通过各层次的资源管理行政组织实现的，国家级农业资源管理机构的自身建设和对下级管理机构的有效管理是实现农业自然资源开发利用管理目标的组织保证。同时，保证资源管理职能有效实施的资源管理执法组织的建设和

健全也是农业自然资源管理组织目标的重要内容。另外，农业自然资源开发利用管理的组织目标还包括各类农业自然资源管理机构之间的有效协调。

3. **农业自然资源开发利用管理的政策措施**

（1）建立合理高效的农业生态系统结构

农业生态系统结构的合理与否直接影响着农业自然资源的利用效率，土地资源、气候资源、水资源以及生物资源能否得到合理的开发利用与农业生态系统结构密切相关。因此，加强农业自然资源开发利用管理的首要任务是要建立起有利于农业自然资源合理配置与高效利用，有利于促进农、林、牧、渔良性循环与协调发展，有利于改善农业生态平衡，有利于提高农业经济效益、社会效益和生态效益的农业生态系统结构。

（2）优化农业自然资源的开发利用方式

我国从20世纪70年代起，为加强农业自然资源的保护、促进其合理开发利用，制定了一系列的法律法规，对加强农业自然资源的保护和开发利用管理发挥了积极作用。但是，由于我国长期奉行数量扩张型工业化战略和按行政方式无偿或低价配置农业自然资源的经济体制，导致我国农业自然资源供给短缺和过度消耗并存的局面十分严峻。因此，优化农业自然资源的开发利用方式，推行循环利用农业自然资源的技术路线和集约型发展方式，改变目前粗放型的农业自然资源开发利用方式，是加强农业自然资源管理、提高资源利用效率的根本途径。具体而言，就是要把节地、节水、节能列为重大国策，制定有利于节约资源的产业政策，刺激经济由资源密集型结构向知识密集型结构转变，逐渐消除变相鼓励资源消耗的经济政策，把资源利用效率作为制订计划、投资决策的重要准则和指标，对关系国计民生的农业自然资源建立特殊的保护制度等。

（3）建立完善农业自然资源的产权制度，培育农业自然资源市场体系

农业自然资源是重要的生产要素，树立农业自然资源的资产观念，建立和完善资产管理制度，强化和明确农业自然资源所有权，实现农业自然资源的有偿占有和使用，是改善农业自然资源开发利用和实现可持续发展的保证。在建立和完善农业自然资源产权制度的过程中，要逐步调整行政性农业自然资源配置体系，理顺农业自然资源及其产品价格，培育市场体系，消除农业自然资源开发利用过度的经济根源，有效抑制乃至消除滥用和浪费资源的不良现象。

（4）建立农业自然资源核算制度，制订农业自然资源开发利用规划

农业自然资源核算是指对农业自然资源的存量、流量以及农业自然资源的财富价值进行科学的计量，将其纳入国民经济核算体系，以正确地计量国民总财富、经济总产值及其增长情况以及农业自然资源的消长对经济发展的影响。通过对农业自然资源进行核算，并

根据全国农业自然资源的总量及其在时间和空间上的分布以及各地区的科学技术水平、资源利用的能力和效率，制订合理有效的农业自然资源开发利用规划，实现各地区资源禀赋和开发利用的优势互补、协同发展，获得全局的最大效益。

（5）发展农业自然资源产业，补偿农业自然资源消耗

我国在农业自然资源开发利用方面，普遍存在积累投入过低、补偿不足的问题，导致农业自然资源增殖缓慢、供给不足。为了增加农业自然资源的供给，必须发展从事农业自然资源再生产的行业，逐步建立正常的农业自然资源生产增殖和更新积累的经济补偿机制，并把农业自然资源再生产纳入国民经济发展规划。

二、农业土地资源的利用与管理

（一）农业土地资源管理的概念和基本原则

农业土地资源管理是指在一定的环境条件下，综合运用行政、经济、法律、技术方法，为提高土地资源开发利用的生态效益、经济效益和社会效益，维护在社会中占统治地位的土地所有制，调整土地关系，规划和监督土地利用，而进行的计划、组织、协调和控制等一系列综合性活动。

要加强对农业土地资源的管理，实现对土地资源的合理开发利用，必须尊重客观规律，遵循下面的这些基本原则：

1. 因地制宜的原则

这是合理开发利用土地的基本原则，指从各地区的光、热、水、土、生物、劳动力、资金等生产资料的具体条件、农业生产发展的特点和现有基础的实际出发，根据市场和国民经济需要等具体情况，科学合理地安排农业生产布局和农产品的品种结构，以获得最大的经济效益和保持良好的生态环境。我国的土地资源类型多样，地域分布不平衡，各地区的资源条件以及社会、经济、技术条件差别很大，生产力发展水平也有较大差距。因此，对土地资源的利用管理要从各地区实际情况出发，合理地组织农业生产经营活动。具体而言，就是要选择适合各地域土地特点的农业生产项目、耕作制度、组织方式和农业技术手段等，进行科学的管理和经营，充分利用自然条件和资源，扬长避短、发挥优势，最大限度地发挥土地资源的生产潜力，提高土地资源的利用率和生产率，从而实现对土地资源的最优化利用。这既是自然规律和经济规律的客观要求，也是实现农业生产和国民经济又快又好发展的有效手段。

2. 经济有效的原则

土地资源的开发利用是一种经济活动，经济活动的内在要求就是要取得最大化的经济

效益。在农业生产经营过程中，土地资源的使用具有多样性，因而土地资源的利用效益也具有多样性。在同一区域内，一定面积的土地上可以有多种农业生产方案，每一种生产方案由于生产成本的不同和产品种类、数量、质量以及价格的不同，所取得的经济效益也各不相同。因此，在农业生产经营活动中，要根据各地区的具体情况，选择合理的农业生产项目和生产方案，以期取得最大的经济效益和最佳的土地利用效果。同时，还要随着时间的推移、各种条件的变化对农业生产方案做出适时的调整，不断保持土地资源利用效果的最优化和经济效益的最大化。为此，要从综合效益的角度出发，发掘土地资源的潜力，科学安排土地的利用方式，提高农业土地生产率，以便在经济上取得实效。

3. 生态效益的原则

这是由人类的长远利益和农业可持续发展的客观要求所决定的。农业生产的对象主要是有生命的动植物，而动植物之所以能够在自然界中生存繁衍，是因为自然界为它们提供了生存发展所必需的能量物质和适宜的环境条件，这些自然条件的变化会引起物种的起源和灭绝。在农业生产中，由于人们往往只顾及眼前利益，为了更多地获取经济效益而破坏生态环境的情况十分常见，致使生态系统失去平衡，各种资源遭到破坏，给人类社会带来了巨大灾难，也使农业生产和经济发展受到严重制约。因此，在农业生产过程中，务必树立维护生态平衡的长远观点和全局观点。对土地资源的利用管理也应该坚持这一原则，力求做到经济效益、社会效益和生态效益的有机统一，使各类土地资源的利用在时间上和空间上与生态平衡的要求相一致，以保障土地资源的可持续利用。

4. 节约用地的原则

这是土地作为一种稀有资源对人们的生产活动提出的客观要求。土地资源是农业生产中不可替代的基本生产资料，也是一种特别珍贵的稀有资源。我国的土地资源总量虽然相对丰富，但人均土地资源占有量却很少，人多地少的矛盾十分突出。与此同时，我国土地资源利用粗放，新增非农用地规模过度扩张，加之我国人口还将继续增长，生活用地和经济建设占用农业土地资源的情况不可避免。此外，污染和环境恶化对土地的破坏以及用地结构不合理进一步加剧了土地供需的矛盾。因此，在当前和今后的很长时期内，都必须加强土地资源管理，严格控制对农业用地的占用，所有建设项目都要精打细算地节约用地，合理规划土地资源的使用，使土地资源发挥应有的功能作用。

5. 有偿使用的原则

土地资源是一种十分稀缺的农业自然资源，也是一种具有价值和使用价值的生产要素。在市场经济条件下，土地资源的利用也应该遵循价值规律，要对土地进行定价和有偿使用，通过“看不见的手”来实现土地资源的优化配置。只有对土地资源实行有偿使用，才能在经济上明确和体现土地的产权关系，促使用地单位珍惜和合理使用土地资源，确保因地制宜、经济有效、生态效益和节约用地四项原则的贯彻落实。

（二）农业土地资源的保护和开发利用管理

农业土地资源的保护和利用管理是一项十分复杂的工作，涉及面广、层次复杂，管理起来问题多、困难大、任务重，必须要建立合理的农业土地资源管理体制和运行机制，使土地资源的保护和利用管理走上科学化、法制化的轨道，实施更加规范有效的管理。

1. 坚持土地用途管制制度，严格控制耕地的转用

对土地用途实施管制，是解决我国经济快速发展时期土地利用和耕地保护等问题的一条有效途径，其目的是要严格按照土地利用总体规划确定的用途来使用土地。在具体工作中，应坚持以下三点：①依据土地利用总体规划制订年度耕地转用计划，并依据规划、计划进行土地的供给制约和需求引导。②严格耕地转用审批。要依法提高耕地转用审批权限加大国家和省两级的审批管理力度，对不符合土地利用规划、计划的建设用地一律不予批准。③对依法批准占用的耕地要严格执行“占一补一”的规定。即依法批准占用基本农田之后，必须进行同等数量的基本农田补偿。补偿和占用的耕地不仅要在数量上相等，而且要在质量上相当，以确保农业生产水平不会因为耕地的变化而受到影响。

2. 严格划定基本农田保护区

实行基本农田保护制度是保护我国稀缺的耕地资源的迫切需要。我国《基本农田保护条例》规定，依据土地利用总体规划，铁路、公路等交通沿线，城市和村庄、城镇建设用地区周边的耕地，应当优先划入基本农田保护区，任何建设都不得占用。

3. 以土地整理为重点，建立健全耕地补充制度

（1）必须坚持积极推进土地整理，适度开发土地后备资源的方针

我国后备土地资源的潜力在于土地整理，今后补充耕地的方式也要依靠土地整理。开展土地整理，有利于增加耕地面积，提高耕地质量，同时也有利于改善农村生产和生活环境。

（2）国家必须建立耕地补充的资金保障

土地整理是对田、水、路、林、村进行的综合整治，需要投入大量资金。为此，一方面要按照《土地管理法》规定征收新增建设用地的土地有偿使用费，并以此作为主要资金来源，建立土地开发整理补充耕地的专项基金，专款专用，长期坚持；另一方面，有必要制定共同的资金投入政策，将土地整理与农田水利、中低产田改造、农田林网建设、小城镇建设、村庄改造等有机结合起来，依靠各部门共同投入，产生综合效益。

4. **建立利益调控机制，控制耕地占用**

控制新增建设用地、挖潜利用存量土地，是我国土地利用的根本方向。在市场经济条件下，除了运用行政、法律手段对土地资源的利用进行管理之外，还应该更多地利用经济手段，调控土地资源利用过程中的利益关系，形成占用耕地的自我约束机制。从当前来看，应该主要采取以下措施：①在土地资源有偿使用的收入方面调控利益关系，控制增量，鼓励利用存量建设用地。一方面，凡是新增建设用地的有偿使用费应依法上交省级和中央财政，从动因与根本上抑制基层地方政府多征地、多卖地等行为；另一方面，利用存量建设用地的土地有偿使用费全部留给基层地方政府，鼓励各基层地方政府盘活利用存量的建设用地，在提高土地资源利用效率的同时增加财政收入。②在有关土地税费方面进行调控，控制建设用地增量，挖潜存量。具体来说，应做到以下四点：一是落实《土地管理法》，提高征地成本；二是调整耕地占用税，提高用地成本；三是降低取得存量土地的费用，从而降低闲置土地的转移成本，鼓励土地流转；四是开设闲置土地税，限制闲置土地行为，促进闲置土地的盘活利用。

5. **明晰农村土地产权关系，建立农民自觉保护土地的自我约束机制**

长期以来，我国在农业土地资源保护的综合管理措施方面不断加强，但广大农民群众维护自身的土地权益、依靠农村集体土地所有者保护农业土地资源的机制尚未形成。为了进一步做好对我国农业土地资源的保护工作，除了继续加强行政手段、法律手段和经济手段等方面的综合管理以外，还必须调动广大农民群众积极维护自身权益，形成农民自觉保护耕地的自我约束机制。对此，应当深入研究农村集体土地产权问题，围绕农村集体土地产权的管理，制定切实可行的法律规定，明晰相关的权利和义务，以使我国农业土地资源保护和利用管理走上依法管理、行政监督、农民自觉保护的轨道。

第二节　农业劳动力资源管理

一、农业劳动力资源的利用评价

为了充分合理地利用农业劳动力资源，首先需要对农业劳动力资源的利用状况和使用效率进行评价，其评价标准主要是农业劳动力利用率和农业劳动生产率两个指标。

（一）农业劳动力利用率

1. 农业劳动力利用率的概念

农业劳动力利用率是反映农业劳动力资源利用程度的指标，一般是指一定时间内（通常为 1 年），有劳动能力的农业劳动者参加农业生产劳动的程度。

农业劳动力利用率是衡量农业生产水平和经济效益的重要标准，在一定的农业劳动力资源和农业劳动生产率条件下，农业劳动力利用率越高，就可以生产出越多的农产品。衡量农业劳动力利用率的具体指标包括：①实际参加农业生产的农业劳动力数量与农业劳动力总量的比率；②在一定时间内，平均每个农业劳动力实际参加农业生产劳动的天数与应该参加农业生产劳动的天数之间的比率；③每天纯劳动时间占每天标准劳动时间的比重。

在农业劳动生产率不变的条件下，提高农业劳动力的利用率，意味着在农业生产中投入了更多的劳动量。在我国目前农业生产的资金投入相对不足、物质技术装备条件比较落后的情况下，增加劳动量的投入，提高农业劳动力的利用率，对于促进农业生产的发展具有十分重要的意义，也是合理利用农业劳动力资源的重要途径和客观要求。

2. 影响农业劳动力利用率的因素

在农业生产实践中，影响农业劳动力利用率的因素很多，概括来说主要可以分为两个方面：一是农业劳动力的自然状况和觉悟程度，如人口数、年龄、身体状况、技术能力、思想觉悟水平、生产积极性和主动性等；二是自然条件和社会经济条件，如土地结构、气候条件、耕作制度、农业生产结构、多种经营的开展状况、农业生产集约化水平、劳动组织和劳动报酬、责任制状况、家务劳动的社会化程度等。在这些影响因素当中，有的因素是比较固定的，或者要经过较长的时间才会起变化，有的因素则可以在短期内发生变化。因此，为了提高农业劳动力利用率，既要从长计议，如控制农村人口的增长逐步改善自然条件等；又要着眼当前，如合理调整农业生产结构、改善农业劳动组织、贯彻按劳分配原则、采用合理的技术和经济政策等。

3. 提高农业劳动力利用率的基本途径

（1）运用积极的宏观调控政策，充分调动农业劳动者的生产积极性

劳动力资源的利用程度与劳动者的生产积极性紧密相关，在农业生产劳动过程中也同样如此。因此，要提高农业劳动力的利用率，就要运用积极的宏观调控政策充分调动农业劳动者的生产积极性，充分尊重农业劳动者的经营自主权，充分发挥他们在农业生产中的主观能动性，使农业劳动力及其劳动时间都能够得到更加合理的利用。

（2）向农业生产的广度和深度进军，大力发展农业多种经营

虽然我国按人口平均计算的耕地资源非常有限，但其他农业生产资源相对比较丰富，有大量的草地、林地、海域和淡水养殖面积可供利用。因此，在安排农业生产经营的过程中，不能把注意力只集中在单一的农业生产项目上，或者只进行简耕粗作的农业生产经营，而是应该开阔视野，树立大农业经营观念，走农林牧副渔全面发展、农工商一体化的发展道路，这样才能为农业劳动力的充分利用提供更多的就业门路。

（3）合理分配农业劳动力，积极探索适合我国国情的农业剩余劳动力转移之路

除了在农业内部努力提高农业劳动力的利用率之外，还应该对农业劳动力进行合理分配使用，加强对农业剩余劳动力的转移。为此，要在农、林、牧、渔之间，农业和农村其他产业之间，生产性用工和非生产性用工之间合理分配使用农业劳动力，把富余的农业劳动力千方百计地转移到工业、商业、服务业、交通运输业、建筑业等二、三产业中去，避免农业劳动力因为配置不均造成的窝工浪费和转移受阻造成的闲置浪费。

（4）改善农业劳动组织，加强农业劳动管理

为了充分合理地利用农业劳动力资源，还应该在农业生产中采取科学的、与生产力水平相适应的农业劳动组织形式，加强和改善劳动管理，建立健全农业劳动绩效考评机制，实施合理的、有激励效果的劳动报酬制度，使农业劳动者从关心自己利益的动机出发，积极主动地、负责任地参加农业生产劳动，进而提高农业劳动力的利用率。

（二）农业劳动生产率

1. 农业劳动生产率的概念

农业劳动生产率即农业劳动者的生产效率，它是指单位劳动时间内生产出来的农产品数量或生产单位农产品所支出的劳动时间。农业劳动生产率反映了农业劳动消耗与其所创造的劳动成果之间的数量比例关系，表明农业劳动力生产农产品的效率或消耗一定劳动时间创造某种农产品的能力，提高农业劳动生产率是发展农业生产的根本途径。

2. 农业劳动生产率的评价指标

评价衡量农业劳动生产率的水平，有直接指标和间接指标两大类指标。

（1）直接指标

农业劳动生产率的直接指标是指单位劳动时间内所生产的农产品数量或生产单位农产品所消耗的劳动时间。用公式表示：农业劳动生产率＝农产品产量或产值/农业劳动时间或农业劳动生产率＝农业劳动时间/农产品产量或产值。

农产品数量可以用实物形式表示，如粮食、棉花的一定数量单位等；也可以用价值形

式表示，如农业总产值、净产值等。由于价格是价值的外在表现，而价格又在不断发生变化，因此，采用价值形式来比较不同时期的农业劳动生产率时，要采用不变价格计算。农业劳动时间应该包括活劳动时间和物化劳动时间，这样计算出来的农业劳动生产率称为完全劳动生产率。但由于物化劳动时间的资料取得比较困难，一般只用活劳动时间来计算农业劳动生产率，称为活劳动生产率。在实际工作中，为了使活劳动生产率尽量接近完全劳动生产率，在用价值表示农产品数量时可以减去已消耗的生产资料价值部分，直接用农业净产值表示。活劳动时间的计算单位通常采用人年、人工日、人工时等指标。

（2）间接指标

为了及时考察农业生产过程中各项作业的劳动生产率，还可以采用单位劳动时间所完成的工作量来表示农业劳动生产率，即劳动效率。这就是衡量农业劳动生产率的间接指标，如一个“人工日”或“人工时”完成多少工作量等，用公式表示：农业劳动效率=完成的农业工作量/农业劳动时间。

在运用农业劳动效率指标时要注意和农业劳动生产率指标结合应用，因为两者之间有时一致，有时可能不一致，如由于技术措施不当、劳动质量不高、违反农时以及自然灾害等多种原因时常造成二者不一致。因此，不能单纯强调农业劳动效率，必须在采用正确技术措施的条件下，在保证质量和不误农时的前提下，积极提高农业劳动生产率。

3. 提高农业劳动生产率的意义

农业劳动生产率的提高，意味着包含在单位农产品中劳动总量的减少，这是农业生产力发展的结果，也是发展农业生产力的源泉，是衡量社会生产力发展水平的重要标志。因此，不断提高农业劳动生产率是农业发展的主要目标，也是加速社会向前发展的坚实基础，不仅具有重大的经济意义，而且具有重大的社会政治意义。具体表现在：①提高农业劳动生产率和农产品质量，以较少的农业劳动力生产出更多的高质量农产品，从而能够更好地满足国民经济发展和人民生活的需要；②提高农业劳动生产率，促进农业和国民经济的综合发展，降低单位农产品的劳动消耗，为国民经济其他部门准备了大量劳动力；③提高农业劳动生产率，能够增加农民的收入，为农民进军国民经济的其他部门提供了条件；④提高农业劳动生产率，能够提高农业劳动力的综合素质，使农民学习科学文化知识和专业技能，进一步促进农业生产力的发展。

二、农业劳动力资源的开发

（一）农业劳动力资源开发的含义

农业劳动力资源开发，指的是为充分、合理、科学地发挥农业劳动力资源对农业和农村经济发展的积极作用，对农业劳动力资源进行的数量控制、素质提高、资源配置等一系列活动相结合的有机整体。农业劳动力资源的开发包括数量开发和质量开发两个层次的含义。

农业劳动力资源的数量开发，是指用于农业劳动力资源控制而展开的各项经济活动及由此产生的耗费。不同类型的国家或地区的农业劳动力资源数量控制的目标也各不相同，既有为增加农业劳动力资源数量进行努力而付出费用的，也包括为减少农业劳动力资源数量而做出各种努力的。

农业劳动力资源的质量开发，一般是指为了提高农业劳动力资源的质量和利用效率而付出的费用，包括用于农业劳动力资源的教育、培训、医疗保健和就业等方面的费用。目前，我国的农业劳动力资源开发主要是指对农业劳动力资源的质量开发，尤其是对农业劳动力在智力和技能方面的开发。

（二）农业劳动力资源开发的意义

随着农业现代化的发展，农业生产对科学技术人才和科学管理人才的需求越来越大，因而开发农业劳动力资源质量，提高农业劳动者的素质显得越来越重要。其重要意义主要体现在以下四个方面：

1. 农业现代化要求农业劳动力有较高的素质

在国外一些实现了农业现代化的国家中，农业有机构成与工业有机构成之间的差距在逐步缩小，甚至出现了农业有机构成高于工业有机构成的情况，因而对农业劳动力资源数量的要求越来越少，对农业劳动力资源质量的要求却越来越高。这就要求提高农业劳动者的科学文化水平和专业技能，以便在农业生产中掌握新设备和新农艺。

2. 科技投入在农业生产中的重要性日益提高，对农业劳动力素质提出更高的要求

农业生产的发展规律表明，农产品增产到一定程度后，再要提高产量、提高投入产出的经济效益，就不能只靠原有技术，而是要靠采用新的科技手段。因此，要繁育农业新品种，改革耕作及饲养方法，提高控制生物与外界环境的能力，就必须对农业劳动力资源进行开发，以利于将现有农业生产力各个要素进行合理组合，选择最佳方案。

3. 农业生产模式的变革要求农业劳动力掌握更多的知识和技能

农业生产正在由自然经济向商品经济转变，并逐步走向专业化、社会化的过程中，需要掌握市场信息，加强农产品生产、交换和消费各个环节的相互配合，没有科学文化、缺乏经营能力是做不到的，这客观上要求对农业劳动者进行教育培训，提高他们的科学文化水平和经营管理能力。

4. 开发农业劳动力资源是拉动内需，促进国民经济进一步发展和农业可持续发展的需要

随着对农业劳动力资源开发步伐的加快，农民对教育的需求将会不断增加。为此，必须采取积极措施，发展面向农业劳动力资源开发的教育产业，增加农村人口接受各类教育和培训的机会，为农村经济的进一步发展培养出更多合格的有用人才。同时，大力开发农业劳动力资源，增加农业人力资本的积累，可以使教育成为农村新的消费热点，拉动内需，促进国民经济的发展。

三、农业劳动力资源的利用管理

为了充分合理地利用农业劳动力资源，需要积极促进农民的充分就业，提高农业劳动力的使用效率和经济效益，主要是提高农业劳动力资源的利用率和农业劳动生产率两个指标。

（一）发展农业集约化和产业化经营，提高农业劳动力资源的利用率

我国的农业劳动力资源十分充裕，而农业自然资源尤其是土地资源相对稀缺，同时对农业的资金投入不足，导致农业劳动力资源大量闲置，农业劳动力资源的利用率较低。从当前我国农业生产的情况来看，要提高我国农业劳动力利用率，主要应该依靠农业的集约化经营，增加农业生产对农业劳动力的吸纳能力。具体途径主要有以下几点：第一，增加对农业的资金和其他要素投入，加强农业基础设施建设，为农业生产创造更好的物质条件。同时改变原有单纯依靠增加要素投入量的粗放型农业生产经营模式，促进农业劳动力资源和农业生产资料的更好结合，通过实现农业生产的集约化经营来增加农业生产的用工量，使农业劳动力资源得到充分利用。第二，发挥资源优势，依靠农业科技，加快发展农业产业化经营，增加农业生产的经营项目，拉长农业生产的产业链条，吸纳农业劳动力就业。尤其是要发展劳动密集型农产品的生产，创造更多的农业就业岗位，使农业劳动者有更多的就业选择空间，增加对农业劳动力的使用。第三，合理安排农业劳动力的使用，组织好农业劳动协作与分工，尽量做到农业劳动力资源与各类需求量的大体平衡。要根据各项农业生产劳动任务的要求，考虑农业劳动者的性别、年龄、体力、技术等情况，合理使用农业劳动力资源，做到各尽所能、人尽其才，充分发挥劳动者特长，提高劳动效率。另外，要尊重农业劳动者的主人翁地位，充分发挥他们在农业生产中的主动性、积极性和创造性。第四，对农业剩余劳动力进行有效转移，合理组织劳务输出。一方面，发展农村非农产业，实现农业剩余劳动力的就地转移，同时把农业剩余劳动力转移与城镇化发展结合起来，积极推动农业剩余劳动力向城市转移；另一方面，积极推动农业剩余劳动力的对外

输出，利用国际市场合理消化国内农业剩余劳动力，这也是我国解决农业劳动力供求矛盾，提高农业劳动力资源利用率的一个重要途径。

（二）促进农业现代化，提高农业劳动生产率

充分合理地利用农业劳动力资源，还要提高对农业劳动力的使用效率，增加农业生产中劳动力资源投入的产出，即提高农业劳动生产率。影响农业劳动生产率的因素主要包括生产技术因素，即农业现代化水平，以及自然因素和社会因素。这些影响因素决定了提高农业劳动生产率主要有以下途径：

1. 充分合理地利用自然条件

所谓自然条件，是指地质状况、资源分布、气候条件、土壤条件等这些影响农业劳动生产率的重要因素。自然条件对农业生产有至关重要的影响，由于自然条件不同，适宜发展的农业生产项目也不同。以种植业为例，同一农作物在不同的自然条件下，投入等量的劳动会有不同的产出，也就是会有不同的劳动生产率。因此，因地制宜地配置农业生产要素，利用自然条件，发挥区域优势，投入同样的农业劳动力就可以获得更多的农产品，提高农业劳动的自然生产率，实现对农业劳动力资源的优化利用。

2. 提高农业劳动者的科技文化水平和技术熟练程度

劳动者的平均技术熟练程度是劳动生产率诸多因素中的首要因素，在农业生产中也同样如此。由于农业生产中的生产力提高和科技进步是以新的劳动工具、新的劳动对象、新的能源和新的生产技术方法等形式进入农业物质生产领域的，因而要求农业劳动者具备较高的科技文化水平、丰富的生产经验和先进的农业劳动技能。另外，农业劳动者技术熟练程度越高，农业劳动生产率也就越高。为了提高农业劳动者的科技文化水平和技术熟练程度，必须大力发展对农业和农村的文化教育事业、科学研究事业以及推广工作。

3. 提高农业经济管理水平，合理组织农业生产劳动

要按照自然规律和经济规律的要求，加强农业经济管理，提高农业经济管理水平，使农业生产中的各种自然资源、生产工具和农业劳动力资源在现有条件下得到最有效的组合和最节约的使用，从而达到增加农产品产量、节约农业劳动和物化劳动的目的，这对于提高农业劳动生产率、合理有效利用农业劳动力资源具有重要作用。

4. 改善农业生产条件，提高农业劳动者的物质技术装备水平

农业劳动者的物质技术装备水平是衡量一个国家农业生产力发展水平的重要标志，也是提高农业劳动生产率最重要的物质条件。农业劳动者的技术装备水平越高，农业劳动的生产效能也就越高，而要提高农业劳动者的技术装备水平，就要发展农业科技。只有农业

科学技术不断发展，才能不断革新农业生产工具，不断扩大农业劳动对象的范围和数量，从而有效提高农业劳动生产率。

5. 正确贯彻农业生产中的物质利益原则

在一定的物质技术条件下，农业劳动者的生产积极性和能动性是关系农业劳动生产率的决定性因素。在我国目前的社会主义市场经济条件下，人们劳动和争取的一切都与他们自身的物质利益直接相关，因此，必须用物质利益来提高农业劳动者的积极性、主动性和责任心，这样才能更好地组织农业生产劳动，提高农业劳动生产率。

此外，建立健全完善的农业经济社会化服务体系，解决好农业生产过程中的系列化服务等，对提高农业劳动生产率也具有重要作用。

第三节　农业资金管理

一、农业资金的来源

农业资金的来源渠道多样，在农业生产过程中，农业生产单位筹措农业资金的渠道主要有以下五种：

（一）国家投拨资金

国家在农业上投拨的资金主要有：为国有农业生产单位核拨基本建设资金和流动资金；为农业科研、教育、气象等部门及所属事业单位核拨经费；为整治河流、兴建水库、水电站、营造防护林、整治沙漠、保护草场等专项投资；对于一些以生产单位自筹资金为主的生产项目，国家也给予适量的资金补助，如农田水利、水土保持、养殖基地、农科网建设补助等；此外，还有地方财政和农业主管部门用于农业的各项支出，以及提高农副产品收购价格、减免农业税费等。

（二）农业自身积累

农业自身的资金积累主要来源于集体积累和农民投资两个方面。集体积累的主要来源是各基层生产经营单位依合同约定向合作经济组织提交的积累，主要有公积金、职工福利基金、新产品试制基金和国家下拨的农田基本建设资金等。随着国家或集体对农业基本建设投资的逐步增加，生产条件不断改善，尤其是一些开发性项目的完成以及农业产值的逐年增加，使农业的集体积累不断扩大。农民投资包括用于家庭经营的自筹资金和参加农业合作经济组织的入股资金。现阶段我国农业普遍实行以家庭经营为主的经营形式，特别是随着从事不同生产项目的专业户和各种新经济联合体的日益壮大，农民的投资已成为农业内部自筹资金的主要来源。

（三）借入资金

借入资金是指农业生产经营单位向商业银行、信用社等金融机构所贷入的款项及结算中的债务等，这部分资金只能在一定期限内周转使用，到期必须还本付息。借入资金的主要渠道有两种：一是从商业银行、信用社贷款。贷款是筹集资金的重要渠道，只要经济合算，有偿还能力，在农业生产中也就可以争取和利用各种贷款。二是发行债券。具备条件的农业企业或经营组织，可以通过发行债券的方式，将社会上的闲置资金集中起来，用于农业生产。

（四）商业信用

商业信用是指以预收货款或延期付款方式进行购销活动而形成的借贷关系，是生产单位之间的信用行为。商业信用的主要形式有两种，即先提货后付款、先收款后付货。商业信用是生产单位筹集资金的一种方式，随着我国市场经济的发展，商业信用将被更加广泛地运用，在农业生产中也应该积极利用这种形式来筹集所需的农业资金。

（五）利用外资

随着我国的经济开放和资本的国际流动，来自国外的资本成为农业资金的一个新来源。国外农业资金包括以下几种：一是来自国际经济组织的资金，如联合国、世界银行等；二是来自外国政府的援助或农业投资项目；三是国外的金融机构、公司或个人进行的农业投资。改革开放以来，我国一直将农业作为鼓励外商投资的重点领域之一，但农业利用外资的数量与其他产业相比依旧偏少，农业利用外资潜力巨大。

二、农业投资的概念及其分类

农业投资是指在农业生产领域，以资金投入的形式组织资源投放，进而形成农业资本或者资产的活动，它是促进农业生产发展的必要手段。按照农业投资活动主体的不同，农业投资结构可以分为政府财政对农业的投资、农村集体投资、农户投资和企业农业投资。

（一）政府财政对农业的投资

政府财政对农业的投资主要是指以政府机构为主体进行的农业投资。从具体形式上看，主要包括以下五个方面：一是政府为国土资源整治、流域开发、水利设施建设、环境改造等方面所提供的资金投入或补贴，主要用以改善与农业生产发展相关的自然环境条件；二是政府对农业科学技术研究、农业和农村教育以及农业试验示范基地建设的资金投入支持；三是政府兴办各种农业服务组织机构为农业生产提供免费服务的投入；四是政府通过信贷政策扶持，为农业生产发展提供所需要的优惠贷款；五是政府通过各种形式的农产品价格支持、农村生产生活资料供给的优惠补贴等措施，促进农业生产发展和农民收入水平提高等方面的资金投入。各国农业生产发展的经验表明，政府财政对农业的投资，始终是促进农业生产发展最重要的动力。

（二）农村集体投资

农村集体投资主要是各级农村集体单位为促进农业生产发展所进行的投资，包括农田水利建设工程投资、生产用大型农业机器设备等生产资料的购置等。农业集体投资是农业投资主体结构中重要的组成部分之一。

（三）农户投资

农户投资是指直接从事农业生产经营活动的农户所进行的农业投资行为，包括农业生产的直接投入、小型农业生产设施的修建、农业生产资料以及农村居民生活消费资料的购置等方面的投入。由于农户是农业生产中最直接的经营主体和最基本的经营单位，因此，从规模上讲，农户投资是最为主要的农业投资主体。

（四）企业农业投资

企业农业投资是指以涉农企业为主体的投资，包括一些专业化从事与农业相关的生产或服务的内资企业和外资企业。这类企业通过提供农业产业服务，直接增加农业资本投入，在获得投资收益的同时促进了农业生产的发展。农业企业一般具有规模、技术、管理、资金、信息和人才等优势，因此，在农业生产中具有举足轻重的地位和作用，是实现农业产业化经营和农业现代化发展的组织带动者。

三、农业资金的投资管理

农业投资在农业生产及经营活动中发挥着重要作用，是农业生产实现产业化和现代化发展的重要保障和推动力，因此，必须加强对农业投资的管理，重点是做好对农业投资的资金管理，并提高农业投资的效率。

（一）农业投资的资金管理

农业投资过程中，农业资金投放于不同的农业生产环节，进入农业生产的方式不同，其运行和转移的方式也各不相同，要发挥其功能效用，就需要加强对农业资金使用和周转的管理。

1. 农业流动资金的管理

（1）流动资金的概念及组成

流动资金是指垫支在生产过程和流通过程中使用的周转金，它不断地从一种形态转化为另一种形态，其价值一次性转移到产品成本中去。农业流动资金是在农业生产过程中的周转金，它一般由以下五部分组成：①储备资金，指各种农业生产中所需的储备物资所占用的资金，包括种子、饲料、农药、化肥、燃料及修理用材料等；②生产资金，是指在农业生产过程中占用的资金，如各种在产品、半成品等所占用的资金；③成品资金，是指可以对外出售的各种农业产成品所占用的资金；④货币资金，是指农业生产经营主体的银行存款、库存现金及其他货币资金；⑤结算资金，是指农业生产经营主体在供应、销售和内部结算过程中发生的各种应收、预付款项等。

（2）农业流动资金的循环周转

农业生产的过程是一个周而复始、连续不断进行的过程，因此，农业生产中的流动资金的循环和周转也是一个不间断的过程。农业流动资金一般从货币形态开始，依次经过农业生产中的采购、生产、销售三个阶段，表现为原材料、在产品、产成品三种不同的存在形态，最后又回到货币形态。

（3）提高农业流动资金利用效率的途径

①加强农业生产中物资供应储备环节的管理，主要是加强生产资料采购的计划性，防止盲目采购，同时制定合理的物资储备定额，及时处理积压物资，将储备物资的流动资金占用量控制在最低限度。②加强农业生产环节的流动资金管理，主要是确定合理的农业生产结构，改进农业生产组织方式，努力降低农业生产的成本，增加收益；同时尽可能地缩短农业生产周期，因地制宜地把不同生产周期的农业生产项目结合起来，开展农业多种经营，以便均衡的使用农业生产资金。③加强农产品流通环节及其他环节的管理，主要是及时组织农产品销售，抓紧结算资金的回收；同时要加强农业贷款安排的计划性，合理确定信贷资金的规模和期限结构，减少成品资金和结算资金的占用量。

2. 农业固定资金的管理

(1) 农业固定资金的概念及特点

农业固定资金是指投放于农业生产资料方面的资金，主要是农业生产经营活动所需的建筑物、机械设备、运输工具、产畜、役畜、多年生果树、林木等实物形态的固定资产占用的资金。农业固定资金的特点是由农业固定资产的特点所决定的，农业固定资产可以多次参加农业生产经营过程而不改变其形态，其价值随着在使用过程中的磨损逐步转移到农产品成本中去，并通过折旧的方式从农产品的销售收入中得到补偿。所以，农业固定资金的周转速度较慢，需要经历固定资产整个使用时期才能周转一次。

(2) 农业固定资产的计量

农业固定资产的计量是指采用货币形式将农业固定资产登记入账并列报于会计报表。正确地进行农业固定资产计量能够保证农业固定资产核算的统一性，为计算农业固定资产的折旧提供依据。农业固定资产计量可根据其来源分别按以下属性来进行：①按历史成本来计量。在历史成本计量下，农业固定资产按照购建时的现金或者现金等价物的金额来计量，即购入的农业固定资产，按照其买价加上支付的运杂费、保险费、包装费、安装成本、税金等进行计量。自行建造的农业固定资产，按照建造过程中实际发生的全部费用支出来计量，包括专门借款的利息费用资本化的部分。投资者实物出资投入的农业固定资产，按照评估确认或者合同、协议约定的价值计量，合同或协议价不公允的除外。融资租入的农业固定资产，按照租赁协议或者合同确定的价款加运输费、保险费、安装调试费等进行计量。接受捐赠的农业固定资产，按照发票账单所列标价来计量；无账单的，按照同类资产的重置成本或现值来计量。②按重置成本计量。在重置成本计量下，农业固定资产按照现在购买相同或者相似资产所需支付的现金或者现金等价物的金额来计量，当农业生产单位取得无法确定其原始价值的农业固定资产时，按照同类固定资产的重置成本计算。③按现值计量。在现值计量下，农业固定资产按照预计从持续使用和最终处置中所产生的未来净现金流量的折现值来计量，这种计量方式适用于接受捐赠未取得发票也没有同类资产可供参考的情况。④按公允价值计量。在公允价值计量下，农业固定资产按照公平交易中熟悉市场的双方都能接受的价格计量。

(3) 农业固定资产的折旧

农业固定资产折旧是指农业固定资产在使用过程中发生磨损、并转移到农产品成本费用中去的那一部分的价值。农业固定资产磨损包括有形磨损和无形磨损两种情况，其中有形磨损是指由于物质磨损、侵蚀等而引起的农业固定资产的价值减少；无形磨损是指由于科学技术进步而导致的农业固定资产的价值减少。

①农业固定资产计提折旧的范围

已提足折旧继续使用的农业固定资产和按规定单独估价作为固定资产入账的土地不计提折旧，其他农业固定资产均计提折旧。农业固定资产应按月提取折旧，为了简化核算，当月增加的农业固定资产当月不提折旧，从下月起计提折旧；当月减少的农业固定资产，当月还应计提折旧，从下月起不再计提折旧。对于提前报废的农业固定资产，不再补提折旧。所谓提足折旧，是指已经提足该项农业固定资产应提的折旧总额。从数量上看，应提折旧总额等于农业固定资产原价减去预计残值再加上预计清理费用。

②农业固定资产的折旧方法

农业固定资产计提折旧的计算方法主要有平均年限法、工作量法、年数总和法和双倍余额递减法四种。农业企业或农业经营单位应根据农业固定资产的性质和消耗方式，确定合理的预计使用年限和预计净残值，并根据生产技术发展水平、环境及其他因素，选择合理的折旧方法。

（4）提高农业固定资金使用效率的途径

①合理购置农业固定资产

在农业资金投入有限的情况下，尽量选用通用的农业固定资产，以减少对农业固定资金的占用量。

②科学计提农业固定资产折旧

一方面要选择恰当的折旧方式，使该收回的农业固定资金早日收回；另一方面，确定好计提折旧的农业固定资产的范围，该计提折旧的都要计提折旧，不该计提折旧的农业固定资产不再计提折旧。

③加强农业固定资产管理

定期进行清查盘点，及时处理不需用的农业固定资产，使未使用的农业固定资产及早投入使用，使不需用的农业固定资产及时得到处理；同时建立和健全农业固定资产的保管、维修、使用和改造制度，使各种农业固定资产经常处于技术完好状态，延长使用寿命，提高农业固定资产的生产能力和使用效率。

（二）提高农业投资效率的对策分析

加强对农业资金的管理，其中最重要的环节是要提高农业投资的效率，要以加快农业生产发展为目标，从体制、市场、民生、文化、管理等多个方面入手，促进农业投资增效，使各类农业投资用到实处、发挥最大作用。当前，要提高我国农业投资的效率，应该做好以下四方面工作：

1. 提升各级政府对农业投资的投资效率

首先，要加强各级政府对农业投资的导向性作用和示范性作用，通过更有效的农业补贴，吸引更多的投资进入农业生产领域，增加农业资本投入；其次，加快建立符合我国国情的政府投资监督体系，提高政府资金的运行效率，简化政府投资的多头管理体制，尤其是防止对农业资金的占用；再次，加强政府对农业投资项目的科学论证，把长期利益和短期利益结合起来，建立合理的投资决策机制和评估机制；最后，加快建立健全专门针对财政农业投资的法律法规，以利于财政农业投资的依法实施和组织，以及农业财政投资的监督保障职能的发挥。

2. 提升农村集体经济组织的农业投资效率

农村集体经济组织对农业的投资，应该集中在为当地农业发展提供基础设施和生产服务，以及提供农业公共品等方面；要进一步理清农村集体经济的产权问题，明确农村集体经济组织在农业投资中的边界，发挥好农村集体经济组织投资对政府农业投资和农户投资的补充作用。

3. 促进农户投资增效

农户是最直接的农业生产经营者，也应该是农业投资的最大受益者。为了鼓励农户加大对农业生产的投资，除了政府要加大农业保护和补贴以增加农户投资收益之外，还应该着眼于市场，增强农产品的专业化生产，提升其市场竞争力，提高农户投资收益；同时要鼓励农户进行规模化经营，引进先进的农产品深加工技术，提高农产品的附加值，提升农户投资的效益。

4. 提高企业的农业投资效率

一方面，要充分利用各种优惠措施和政策，引导和鼓励内外资企业加大对农业投资，加快农业先进技术成果通过企业向农业生产转化，从而提升农产品的科技含量和竞争力，增加农产品生产和销售的利润空间；另一方面，进一步完善农产品市场，为农产品的生产、加工和流通领域的产业化发展建立市场基础，促进农产品的商品化生产，提高企业对农业投资的效率。

总之，农业是我国国民经济继续健康发展的基础，而农业资金投入是农业稳定发展的前提和保障。因此，提高农业投资效益，增加农业资金投入，是我国农业现代化和产业化发展必由之路。合理利用农业资金，提升农业投资效益，探索符合我国国情的农业高效发展模式，对于我国国民经济发展和社会主义新农村建设，都具有十分重要的意义。

第四节　农业科学技术管理

一、农业科技推广的概述

（一）农业科技推广的概念

农业科技推广是指利用试验、示范、宣传和培训等方式，将所取得的某些适用的农业科技成果转移、传播和扩散到农业生产实践中，从而转化为现实生产力的过程。我国《农业技术推广法》中定义为“农业技术推广是指通过试验、示范、培训、指导以及咨询服务等，把应用于种植业、林业、畜牧业、渔业的科技成果和实用技术普及应用于农业生产的产前、产中、产后全过程的活动”。这里的农业技术是指“应用于种植业、林业、畜牧业、渔业的科研成果和实用技术，包括良种繁育、施用肥料、病虫害防治、栽培和养殖技术，农副产品加工、保鲜、贮运技术，农业机械技术和农用航空技术，农田水利、土壤改良与水土保持技术，农村供水、农村能源利用和农业环境保护技术，农业气象技术以及农业经营管理技术，等等”。在我国，农业科技推广的目标是有效促进科技成果的转化，加快农业技术的普及应用，发展高产、优质、高效、生态、安全农业。

农业科技推广的三要素分别是农业科技推广组织和人员、农业生产者和农业科技成果。农业科技推广组织和人员是农业科技推广的主体，是农业科技推广的具体实施者，通过适当的方法和形式进行农业科技推广工作；农业生产者一般包括农民、农业企业等作为农业科技推广的对象，是最终推广受体和受益者，进行农业科技推广一定要考虑农民群众的具体情况。农业科技成果定义为：对某一农业技术研究课题，通过思考观察、试验研究所取得的，并经过鉴定确认的具有一定的科学价值，应用价值和经济价值的创造性成果，一般包括农业领域的新技术、新品种、新工艺、新产品等技术成果。

（二）农业科技推广的原则

1. 有利于农业可持续发展和提高农民收入

农业科技成果推广如果不能切实为农民产生经济效益，提高农民收入，其推广的吸引力将大大下降，其迅速推广普及的难度将大大增加。成功的农业科技推广一定会带来农业生产产量提高、生产效率提高和成本下降等效果，从而为农民带来实惠。因此，农业科技推广一定要遵循造福农村，增加农民收入的原则。科学技术是双刃剑，先进的科学技术往往带来经济收入增加的同时，也会产生对资源、环境的破坏，而保持农业可持续发展是我国农业的长期发展战略，要实现农业和农村经济发展的可持续性，在农业推广过程中，就要首推资源节约型和清洁安全型等农业科学技术，要慎重选择对农业农村资源环境有害的科学技术。

2. 注重农业科技成果质量

农业科技推广过程中，对科技成果的选择直接决定了推广的效果，如选择不当非但不会产生效益，反而有可能造成巨大的经济和非经济损失。一项农业科技成果，能否迅速有效地推广转化，原因是多个方面的，但根本原因是农业科技成果本身是否对农业生产者具有吸引力，即农业科技成果的质量是推广转化的先决条件。一项研究成果具有一定的技术先进性、技术成熟可靠、经济效益显著和操作上可行是科技成果从科研领域进入经济领域的前提条件。可见，选择质量可靠的科技成果是科技推广的首要内容和程序。农业科技成果的质量可以从先进性、成熟性、实用性、安全性等各个方面考察。实际操作过程中，科技成果一定要经过权威科技管理部门的全面鉴定且合格，不合格的成果绝不能列入推广范围；要考察科技成果是否比已推广成果具有更为科学先进的实用价值；最后要确定科技成果在应用过程中的稳定性和可靠程度，对于稳定性差、成熟度不高的科技成果要慎重考虑。

3. 因地制宜和试验示范

因地制宜是指农业科技创新的引进、科技推广项目的选择、推广方法的应用和部署必须从当地的实际情况出发，使推广活动符合当地的实际情况，这关系到农业科技推广工作的成败。试验示范原则是农业推广工作必须遵循的基本原则，《中华人民共和国农业技术推广法》规定“向农业劳动者推广的农业技术，必须在推广地区经过试验证明具有先进性和适用性”。我国幅员辽阔，各地农业生产自然环境、经济环境、技术条件和人文社会环境各不相同，任何农业科学技术都有一定的适宜区域，不可能在任何地方都能获得成功推广。因此，各种农业科技推广活动要考虑当地的环境，要做到先在当地进行试验、示范，如效果良好且取得农民信任，再从点到面进行推广；要结合当地实际，因地制宜制订和实施不同层次的推广计划。

4. 讲求综合效益

《中华人民共和国农业技术推广法》规定农业科技推广必须遵循“兼顾经济效益、社会效益，注重生态效益”的原则。即农业科技推广要讲求综合效益最佳。提高劳动生产率、发展循环经济、增加经济效益是农业科技推广的基本着眼点，唯有产生经济效益，农业科技成果才能有吸引力和得到迅速推广。与此同时，农业科技推广也应追求社会效益，即农业科技推广最终要能够提高社会生产力，不断满足国民经济发展、人民物质生活和精神生活的需要，不断地改善社会生活环境，提高广大农民的科学文化素质。农业科技推广讲求生态效益，要有利于保护生态环境，维护生物与环境间的动态平衡。农业科技推广不仅要考虑当年的效益，而且要考虑长远效益，克服短期行为。由此可见，农业科技推广讲求综合效益，实现经济效益和社会效益相结合，长期效益与短期效益的相统一，并注重生态效益，保护农村农业生态环境。这就要求在农业科技推广过程中，争取做到技术和项目选择要综合考虑，不要盲目追求经济产出，要注重生态平衡和长期效益；同时，示范、试验和推广不要只顾短期利益得失，首先考虑整体和长期利益。

5. **强化合作，共同促进**

农业科技成果的推广不是科学研究和科学实验，不能由少数人或者个别机构在实验室完成，离开农业科技推广机构的推广人员、劳动者、生产者等的各方积极参与和合作，是不能达到预期效果的。因此，要强化科技推广人员和农民之间的合作，农业教育、农业科研与农业推广三方面的合作，农业推广部门与社会各有关部门的合作，调动农业科技推广人员的工作积极性和农业教科研等社会部门的参与积极性，提高农民学习、采用科学技术的积极性，把农业科技推广、普及科技知识和提高农业劳动者科技素质有机结合起来，促进专家机构合作、技术经验共享与结合，最终形成合力，共同推进农业科技推广工作，促进农业科技成果转化，发展农业生产力。

二、农业科技推广的组织

（一）农业科技推广体系

农业科技推广体系是农业推广机构设置、农业科技推广运行机制、推广服务方式及农业推广人员管理制度等的总称。世界各个国家政治与经济体制不同，相应农业科技推广体系也各有差异。

20 世纪 50 年代初，我国的农业科技推广体系是在政府统一领导下，分别由各级政府的农业行政管理部门负责管理。随着社会主义市场经济体制的建立和发展，农业科技推广主体开始向多元化方向发展，我国的农业科技推广体系也不断发展，从单一的政府主导型的推广体系，发展为以政府推广体系为主，农业科研教育部门、农民合作组织、供销社、企业组织、有关群众团体等共同参与的农业科技推广体系，其主要特征是政府主导，多元参与、相互协作、优势互补。

（二）农业科技推广组织

1. 农业科技推广组织的定义

农业科技推广组织是构成农业科技推广体系的一种职能机构，主要职能是围绕服务“三农”（农业、农村和农民）的中心目标，参与政府农业科技推广的计划、决策、农民培训及试验、示范、推广的执行等任务。没有健全的农业推广组织，就没有完善的农业科技成果转化通道，农业科技成果就很难进入生产领域从而转化为生产力。

2. 农业科技推广组织的类型

（1）政府型农业科技推广组织

政府型农业科技推广组织是以政府设置的农业推广机构为主，我国最主要的科技推广组织即各级政府所属的农业技术推广部门就属于此类型。农业技术推广部门具有一定的行政执法职能，参与农业执法和监督管理，担负着对技术成果引进、试验、示范、推广，对农药、动物药品使用安全进行监测和预报，对农民进行职业技术培训，经营农用物资等职责。农技推广部门的技术推广带有一定的政府意志，其资金来源大部分由财政拨款而来。

农技推广部门是我国较早建立的专门从事农业技术推广的政府组织，目前已经形成了自上而下、辐射面广的体系。农技推广部门主要依托政府行政管理机构，属事业单位，专业涉及广泛，包括种、养、水产、机械等许多方面。

（2）教育和科研型农业科技推广组织

教育和科研型农业科技推广组织包括各级农业科研院所以及农业院校等，通常是农业教育或科研机构的一部分或附属单位，农业教育、科研和推广等功能整合在同一机构内，推广人员就是农业教育或者科研人员，而其工作角色就是进行科研成果的推广普及活动。

（3）企业型农业科技推广组织

企业型农业科技推广组织一般包括农业产业化的龙头企业和企业化的农业科研机构。往往以公司形态出现，其工作目标是为了增加企业的经济利益，服务对象是其产品的消费者，主要侧重于特定专业化农场或农民。其基本形式为“公司+农户”或“公司+基地+农户”。

农业企业集研发、生产、销售于一身，通过“订单”联系了千家万户的农民，一方面为农民提供技术支撑；另一方面解决农民产品和生产资料的供销问题，提高了科技成果的转化率，在农业科技推广服务中有着重要的作用。

（4）自助型农业科技推广组织

自助型农业科技推广组织是以会员合作而形成的组织机构，具有明显的自愿性和专业性特点。工作目标是提高合作团体的经济收入和生活福利，其技术特征以操作性技术为主，同时进行一些经营管理和市场信息的传递。作为我国代表性的自助组织，农村专业技术协会是由农民自愿参加、政府牵头或农民自发组织的民间经济技术协作组织，如养鸡协会、果品协会等。

农村专业技术协会相对其他科技推广组织的优势：一是作为农村的基层组织，了解农民需求，可以提供有针对性的服务；二是可以通过行业自律，规范农民的经营行为；三是可以组织农民进行专业培训，普及农业技术知识；四是可以为农民提供大量市场信息，降低农民的入市风险。农村专业技术协会在我国农业科技推广中起着越来越重要的作用。

三、农业科技推广的方法

农业科技推广方法是农业科技推广组织和推广人员为达到推广目标，对推广对象所采取的不同形式的组织措施、组织形式、教育和服务手段。农业科技推广的手段，是指在传播农业技术时所利用的各种载体和媒体。

（一）大众传播法

大众传播法是最常用的科技推广方法之一，指农业科技推广人员或部门将农业科学技术和相关信息经过选择、加工和整理，通过大众传播媒体传播给广大农民群众的科技推广方法。大众传播法具有以下特点：信息传播权威性高；速度快、成本低、效益高、范围广；具有很好的时效性，信息量大；一般为单向传播。

随着互联网技术的应用与发展，尤其是移动互联网逐渐被广大农村中青年农民所接受和应用，运用移动互联网进行农业科技推广正成为一种新型而有效的方式。例如，微信公众平台在农业科技推广中的应用。微信平台具有传播范围广、素材多样、曝光率高、成本更低、双向互动、定制化和人性化的特点，利用微信进行农业科技推广，不但高效便捷，还可以有效解决农技推广服务“最后一公里”的问题。

（二）集体指导法

集体指导法也称团体指导法或群体指导法，是指在同一时间和空间内，科技推广人员对具有相同或类似需要与问题的多个目标群体成员进行指导和信息传播，即在同一类型地区、生产和经营方式相同的条件下，采取小组会议、示范、培训、参观考察、参观试验、现场指导、巡回指导等方法，集中地对农民进行指导和传递信息的方法。集体指导法可一次向多人进行传播，达到多、快、广的目的。集体指导法具有以下特点：推广范围大，效率高；易于实现信息的双向交流；利于展开讨论；注重整体效应，共同问题易于解决。

集体指导包括集会、小组讨论、技术培训、示范、现场指导等多种形式。其中，集会常见形式有经验交流会、专题讲习班和科技报告会等形式。

（三）个别指导法

个别指导法是指农业科技推广人员和农民单独接触，研究讨论共同关心或感兴趣的问题，是向个别农民直接提供信息和建议的农业科技推广方法。农民因受教育程度、年龄层次、经济和环境条件的不同，对创新的接受反应也各异。个别指导宜采取循循善诱，这有利于农民智力开发及行为的改变。个别指导法具有针对性强，便于双向沟通等特点。

常见的个别指导法有农户访问、办公室咨询、信函咨询、电话咨询、计算机服务等形式。进入21世纪，计算机成为辅助农业科技推广的重要工具，常用的计算机服务包括技术检测、专家系统和信息服务系统等。

（四）项目推广

项目推广即项目计划型推广方式，是指相关机构有计划、有组织地以项目的形式推广农业科技成果。这是我国目前农业推广的重要形式。各级农业行政部门和农业推广部门，每年都要从已有科研成果和引进技术中编列一批重点推广项目，有计划、有组织地大面积推广应用。

其运行特征表现为无偿性，即农业技术的选择和应用取决于政府的偏好，农技推广部门的经费来自财政拨款，技术服务是无偿提供的。

（五）综合服务

综合服务型推广方式是农业技术推广部门围绕农业技术推广工作，开展技术、信息和物资相配套的综合服务，也称经营服务法。我国农业推广经费不足以制约推广工作成效。根据《中华人民共和国农业技术推广法》中“农业技术推广机构、农业科研单位和有关学校根据农村经济发展的需要，可以开展技术指导与物质供应相结合等多种形式的经营服务”之规定，综合服务这种推广方式逐渐发展起来。常用方式包括技物结合服务和实体服务两种。

1. 技物结合服务

技物结合服务，指农业技术推广部门利用本身的专业优势，将物化的科技产品与相适应的应用技术服务“捆绑”在一起，做到既“开方”又“卖药”。通过技术载体的转移和扩散，达到应用与推广新技术的目的。

2. 实体服务

实体服务是以农产品基地为依托，以基地生产所需科技产品和相关生产资料的经营为核心，发展种养加、农工贸、产供销一体化企业型经济实体。经济实体是独立的经营单位，实行独立核算、自负盈亏的原则。通过经营活动，增强自身的积累能力与发展活力，形成一种“服务—经营—积累—服务”的良性循环模式。

（六）技术市场

狭义的技术市场是作为商品的技术成果进行交换的场所。广义的技术市场是技术成果的流通领域，是技术成果交换关系的总和。技术市场所交换的商品是以知识形态出现的。它是一种特殊的商品，有多种表现形态。技术市场包括以下特点：技术商品是知识商品，它以图纸、数据、技术资料、工艺流程、操作技巧、配方等形式出现；技术商品交易实质是使用权的转让；技术商品转让形式特殊，往往通过转让、咨询、交流、鉴定等形式，直到买方掌握了这项技术，交换过程才完成；技术商品价格确定比较困难，价格往往由买卖双方协商规定。

技术市场的经营范围：技术开发、技术转让、技术承包、技术咨询、技术服务、技术中介、技术入股等。

1. 技术承包

主要是农技推广部门、科研、教学单位利用自身的技术专长在农业技术开发的新领域为了试验示范和获取经济效益而采取的一种农业科技推广形式，推广单位或推广人员与生产单位或农民在双方自愿、互惠、互利的基础上签订承包合同，运用经济手段和合同形式推广技术。它是联系经济效益计算报酬的有偿服务方式。实行技术承包，双方的责任心大大加强，积极性普遍提高，有利于农业科技的快速、广泛的推广。技术承包常见的形式主要有联产提成技术承包、定产定酬技术承包、联效联质技术承包、专项技术承包和集团承包等。

2. 技术转让

技术转让是特定的现有技术在不同法律主体之间的转移。农业技术转让也就是指农民具有自行开发、应用新技术的素质和购买新技术的意愿，在推广人员的中介和协助下，向技术发明人购买新技术。这种方式指导一部分农业科研成果转变成商品，以物化的形式对农业生产中所应用的技术向农民进行宣传推销，以推销的形式达到推广的目的。属于有偿转让的方式，主要适用于经济效益显著、技术上有较大难度、易于控制、见效快、区域性小的物化技术成果或易于控制的非物化技术成果。

3. 技术入股

技术入股是指高校和科研单位将通过研究获得的具有独立知识产权的技术成果，作价按股份的形式投入到生产应用单位，把科研单位的技术优势和生产单位的资金、原材料、设备、供销渠道等优势结合在一起，双方共同对新成果进行推广。实行这种方式必须坚持自愿互利、利益共享的原则。采取技术入股形式推广的技术成果，大多是可控程度较高的物化成果或具有一定可控性的非物化技术成果。

4. 技术开发

农业技术开发是以技术为依托，以市场为导向，以开发利用自然资源或科学技术成果，提高经济效益为宗旨的活动。技术开发是农业技术推广的有效方式之一，但这种方式的推广必须与组装研究和试验示范结合进行。这种方式通常是农业科研或推广部门与生产单位或成果运用单位在自愿互利、平等协商的原则基础上，选择一个或多个项目作为联营和开发对象，建立“科研—生产”或“技术—生产”的紧密型、半紧密型或松散型联合体。

（七）公司（企业）加农户

这种方式通常是指涉农的公司企业直接与广大农户建立联系，为其提供公司所生产的有关新产品、新化肥、新农药、新农机具，并派技术人员指导使用。他们通常围绕当地的支柱产业或重点产品，以利益机制为纽带，通过合同契约与农民结成利益共同体，实行产、供、销一体化经营。

这种方式使涉农公司承担了一部分农技推广工作，加强了基地建设，形成了一定的生产经营规模，引导农民进行了农产品结构调整，同时作为组织和引导农民进入市场的中介组织，有助于克服小生产与大市场之间的矛盾，提高农民进入市场的组织化程度。这里的中间组织可以由有关的工业企业、商业企业、技术服务公司或其他经济实体充当。

（八）民间组织加农户

这种方式主要是农民自己根据需要联合起来，成立各种合作社、专业协会（研究会）及其他各种专业性服务组织，开展农业产前、产中、产后的自我服务。这些专业协会多为专业户联合组织起来，上挂科研单位、高等院校，下联千千万万农户，成为科学技术迅速转化为生产力的畅通渠道，对加速农业科技在农村中的普及推广和促进农村商品经济的发展起了不可估量的作用，是我国现行农业科技推广网络的有效补充和延伸，在各种农业推广活动中具有重要的地位和作用。通过举办这类组织，可以让农民开展自我协作、自我管理、自我服务，搞好技术咨询服务和信息传递，培育新型农民。

第六章　农产品物流管理

第一节　农产品市场

一、农产品市场体系

（一）我国农产品市场体系概况

1. 农产品市场体系的概念

农产品市场从狭义上讲，是指农产品交易的场所，从广义上讲是指实现农产品价值和使用价值的各种交换关系的总和。

农产品市场体系是指由市场主体、市场客体、市场机制、市场组织和市场类型等构成的综合体，是流通领域内农产品经营、交易、管理、服务等组织系统与结构形式的总和，是沟通农产品生产与消费的桥梁与纽带，是现代农业发展的重要支撑体系之一。

2. 我国农产品市场体系建设进展

改革开放以来，我国农产品市场体系得到了较快的培育和发展。

（1）农产品市场主体多元化格局已经形成

农产品市场主体由过去计划经济体制下国营商业和供销合作社等商业组织一统天下的格局逐步向多元化格局转变，农产品市场主体多元化趋势日益明显。中粮集团等国有控股商业和供销合作社等在农产品市场流通中仍然发挥着重要作用；民营流通企业、农民个体运销户、经纪人日趋活跃；农民专业合作社、农业产业化龙头企业愈显重要。

（2）农产品市场体系逐步完善

农产品集贸市场条件改善，批发市场数量增多，零售市场逐步规范，农产品期货市场导向作用开始得到发挥，连锁经营超市快速发展。

（3）农产品交易方式逐步多样化

已由传统的集市贸易扩大到专业批发、跨区域贸易、订单购销、期货交易和拍卖交易等方式，流通配送、连锁经营、经纪人代理、电子商务、网上交易等营销方式发展迅速。一些大城市超市农产品销售量已占到当地农产品零售总量的1/2。

（4）市场基础设施建设逐步完善

在政府部门的引导和鼓励下，企业和社会资本也开始积极涉足农产品市场建设和管理，市场机制的作用在农产品市场建设中得到充分体现，企业办市场、企业管市场的农产品市场投资模式极大地改善了农产品市场基础设施，使农产品市场基础设施获得了稳定的、可持续的投资来源。

（5）市场服务体系全面加强

农产品运销“绿色通道”逐步建立，农产品市场信息体系日趋完善，农业信息组织机构体系逐步建立，农业信息采集系统初步形成。

（6）农产品市场开放程度不断提高

我国农产品市场与世界农产品市场逐步接轨，关联程度日益增强，农业贸易依存度逐年增加。

以农产品集贸市场为基础，以批发市场为骨干，以农民经纪人队伍和流通组织为中介的农产品市场体系基本形成。

（二）农产品市场体系的构成

这里主要是指农产品市场的组织和类型构成。目前，我国农产品市场体系主要由农产品批发市场、农产品集贸市场、农产品零售市场和农产品期货市场构成。其中，农产品集贸市场和农产品零售市场是比较传统的市场形式。

1. 农产品集贸市场

（1）农产品集贸市场的含义

农产品集贸市场是在一定的历史条件下，在特定的地区形成的主要进行农副产品交易的场所，是农民直接进入流通，销售农产品的传统的主要渠道。农产品集贸市场多集中在城市郊区、县城、乡镇、中心村等交通便利，具有一定辐射面的地区。在不同时期、不同地区、农产品集贸市场呈现着不同特点。它处于社会结构的基层，最具有农村社会的代表性，其变化发展影响着社会的变迁。在商品经济不发达的漫长历史中，集贸市场多是按照约定的固定日期进行交易，农产品基本是生产者直接在市场销售。农产品集贸市场是广大农民进行交换的主要场所，体现着农民与其他各个方面的经济关系，对农村中的生产、社会分工、农民生活具有极其重要的影响。集贸市场规模的大小，网点分布的疏密，与各种地理条件有着密不可分的联系。

（2）农产品集贸市场的作用

集贸市场作为市场调节的一种有效形式，对促进商品生产起着重要作用。

①能有利地推动商品经济的发展。农户所生产的农产品，有相当大的份额是通过农产品集贸市场销售的。②扩大农产品流通渠道，促进农业生产。集贸市场为农民提供信息，是引导农民进行生产的“指示器”和“晴雨表”。农民的主要生产经营活动是依据集贸市场提供的价格、供求等信息，自行抉择，调节生产经营活动。③带动第三产业的发展。集贸市场兴办起来的地方，有大批劳动力围绕着市场从事加工业、各种修理服务行业、饮食业以及文化娱乐业等，吸收了大量社会就业人员。④增强农民的市场观念，造就一大批务工经商人才。集贸市场使农民扩大了同外界的接触，价值观念、竞争观念、信息观念逐步被农民所接受。集贸市场就像一所大学校，使商品生产者和经营者不断增长生产、经营的知识，锻炼了一大批发展商品经济的能人，从而带动更多的人从事商品生产。⑤方便群众生活，丰富城市居民的“菜篮子”。每年城市居民所需要的主、副食品，有相当大的份额是在集贸市场上购买的，农产品集贸市场已成为人们离不开的购物场所。⑥加快城镇建设。农产品集贸市场的发展，特别是专业市场的发展，不仅促进了当地经济的发展，而且使市场所在地逐步成为商品集散中心，发挥了集散、中转、贮存、加工的多种功能。聚集了第三产业及其从业者，其中不少已发展成为新的城镇。⑦增加政府财税收入，农民得到实惠。农产品集贸市场的发展，既为国家培植了税源，又增加了农民收入。

2. 农产品零售市场

（1）农产品零售市场的含义

农产品零售市场又称农产品消费市场，包括专门经营农产品的商场、门市、超市等。它是农产品的最终交易场所，反映着农产品的生产者、加工者、经营者和消费者的多方面经济关系。多集中在城市、工矿区等人口密集地区，许多消费市场往往同中心集散市场结合在一起。

（2）农产品零售市场的主要特点

概括起来主要有以下五点：①市场辐射范围较小，多限于周围的消费并与中心集散市场接近；②交易方式主要是现货交易，交易数量小；③在零售市场上，小批发商业和小零售商业是这类市场的主要供应者，部分农产品是生产者直接在市场销售，这类农产品主要是鲜活农产品；④在超市中，农产品及食品的连锁、配送是其供货的基本形式，市场上以出售已加工的农产品为主，也有部分鲜活农产品；⑤农产品销售价格高于产地市场和中心批发市场。

这种市场的主要作用是把农产品分销给消费者，最终完成农产品由生产者向消费者的转移。

二、农产品批发市场

（一）农产品批发市场的含义

农产品批发市场又称中心集散市场，是“有形市场”的一种较高级的市场形式。它是指将来自各产地市场的农产品进一步集中起来，经过加工、贮藏与包装，通过销售商分散销往全国各地。该类市场多设在交通便利的地方，如公路、铁路交会处。一般规模比较大，建有较大的交易场所和仓储设施等配套服务设施。

农产品批发市场一般从农产品贸易的两个发展层次上理解：一是指进行农产品批量集中交易的场所；二是指为农产品进行批量交易提供的一种服务组织。从其发展过程来看，先有场所，后形成组织。当然，农产品交易服务组织的建立又会促进农产品批发市场的发展。这两者结成不可分割的有机统一体，从而构成了现代的农产品批发市场。

（二）农产品批发市场的类型

1. 根据农产品批发市场的交易规模和规范化程度划分

（1）中央批发市场

又称国家级批发市场，是由政府有关部门进行规范设计而建立起来的，是全国性的农产品批发市场，是规范化程度最高、交易规模最大的一种农产品批发贸易组织形式。这类市场一般位于农产品集中产区、集散中心、加工区和交通运转中心或消费者密集的大城市；一般为官办组织，既可由一个地方政府独立创办，也可由中央政府有关机构和地方政府联合创办，当然也有民间合作团体兴建和管理的中央批发市场；市场中进行买卖的交易者人数不多，但交易批量大；普遍采取会员制度，非会员单位不得进场交易，主要实行拍卖的市场公开竞价方式，有系统规范的管理条例。

（2）地方批发市场

又称区域性批发市场，是指中央批发市场以外能达到法定规模的批发市场。地方批发市场一般设在产地，有露天市场，也可设在建筑物内，并配有一定量的仓储设备。地方批发市场的兴办者可以是当地政府，也可以是各种经济合作组织；其交易批量和规范化程度须达到一定水平；其交易者一般有产品收购商、购销代理商、批发商、地方零售商及部分生产企业。

（3）自由批发市场

是指除中央和地方批发市场以外的农产品批发市场的统称。其规范性较差；申办较简单，不需特别批准，只要登记注册领取执照便可开办；交易规模较小，甚至进行少量的零售交易。但是，作为一种经济组织，其开设者和入场交易者必须参照有关条例约束自己的行为，因此，也表现出其交易的组织性。中国大部分蔬菜、水果等生、鲜、活农产品批发市场就属于此类。它们大多经地方政府批准，采取官办民办结合或民间独资兴建的方式开设；不实行会员制，交易者自由出入；交易以讨价还价为主。

中央批发市场、地方批发市场和自由批发市场是农产品批量交易规范化程度由高到低、辐射范围由大到小的农产品批发市场的三个层次。它们分别适应不同程度和不同范围内供求矛盾需要而存在。

2. 根据农产品批发市场的交易产品种类划分

（1）综合性批发市场

是指经营多类或多种农产品的批发市场。

（2）专业性批发市场

是指经营一类或一种农产品及其系列连带产品的批发市场。

3. 根据农产品批发市场的地域特点划分

（1）产地批发市场

是指位于某些农产品集中产区的批发市场，主要作用是向外分解、辐射扩散。进入市场的主要是专业大户、长途贩运者和批发商等。

（2）中转地批发市场

是指处于交通枢纽地或传统集散中心的批发市场，主要作用是连接产地和销地。进入市场的主要是长途贩运者和产地、销地批发商等。

（3）销地批发市场

是指在城市农贸市场基础上发展起来的农产品批发市场，它与消费者距离最接近。进入市场的主要是长途贩运者、批发商和零售商等。

4. 根据农产品批发市场的交易时间划分

（1）常年性批发市场

即常年开市的批发市场，综合性批发市场通常属于此类。

（2）季节性批发市场

是指因产品上市存在明显的季节性，在集中产区形成的临时性农产品批发市场。如某些瓜果、蔬菜专业批发市场。

（三）农产品批发市场的功能

1. 商品集散功能

农产品批发市场可以吸引和汇集各地的农产品，在较短的时间内完成其交易过程，然后再把农产品发散到各地。农业生产实行家庭经营，规模小，一家一户生产出来的农产品需要迅速销售出去，以实现其价值；农产品消费也主要是以家庭为单位，规模小而且分散。如果没有农产品批发市场这一中间环节，就会出现交易次数极多，批量极小，交易成本极高，效率极低的情况，从而使农产品的“卖难”和“买难”交替出现，造成严重的社会和经济问题。如山东寿光蔬菜批发市场建立以前，当地蔬菜生产产量很高，但是流通不畅，“卖菜难”使农民生产的蔬菜滞销、腐烂。农产品批发市场建成后，不仅解决了当地蔬菜的销售问题，还与全国多个省、市、自治区建立了经常性的业务联系，在更大范围内实现了农产品的集散。

2. 价格形成功能

改革开放以前，农产品购销价格都由国家统一规定，既不反映产品的质量和品种差价，也不反映供求关系。改革之初，农产品纷纷进入各地集贸市场，而集贸市场交易规模小、辐射力不强，因此，其形成价格也就难以反映出更大范围内供求关系的真实情况。而且这种不真实的价格在传播当中还会出现误差，这就难免对生产者产生错误导向。由于批发市场在较大范围内集散农产品，来自全国各地的商品同场竞争，同一种农产品就可以通过比较按质论价，从而形成一种能比较真实地反映农产品价值的市场均衡价格。

3. 信息中心功能

信息对于农产品生产者和经营者都极为重要。如果信息使用者收集到的信息是错误的，将会对生产、经营活动产生不良影响。由于批发市场连接着产需两头，信息来源比较多，加之批发市场拥有多样化的信息传递手段，因此，它是一个良好的收集、整理、发布信息的场所，因而可以起到信息中心的作用。

4. 调节供求功能

由于农产品受自然条件影响大，它的生产和供给比其他商品具有更多的不确定性，而农产品消费则是比较均衡的。因此，保持农产品供求平衡是一件非常困难的事情。人们能够努力做到的是尽量避免供求的严重失衡和剧烈波动，而农产品批发市场正是一个可以调节市场供求的良好场所。批发市场的大批量、大规模集散农产品的特点将能很好地调节农产品的供求关系；同时，还可以通过市场均衡价格等信息来平衡生产与消费。

5. **综合服务功能**

批发市场通过自身的运营于交易过程为交易者提供各种方便。交易者进入批发市场后，需要批发市场能提供交易场地、通信、邮电、结算、信息、装卸搬运、包装、加工、分级、贮藏等各项服务。批发市场能否提供全面、周到的服务，是批发市场能否兴旺发达的关键因素。批发市场的各项服务可以由批发市场本身提供，也可以吸纳一些企业单位进场提供。

上述农产品批发市场功能的充分发挥，在促进农产品生产发展、改善城乡人民生活、推动农产品流通体制改革和流通组织创新等方面都能起到重要作用。

（四）农产品批发市场的建设与完善

以批发市场为中心的农产品市场体系，既是农产品价格形成的依托，也是国家进行宏观调控的依托。因此，应根据经济区域和农产品流向的要求，建立若干中央级的大型农产品批发市场，并通过现代信息系统与农产品集贸市场、零售市场以及大型批发市场、期货市场连接起来，形成开放式和运行高效有序的市场网络，充分发挥批发市场在全国农产品流通中的决定作用。重点从以下六个方面做起：

1. **继续加强有形市场建设，统筹规划，优化布局结构，构建完善的市场体系**

要加强对农产品批发市场建设的立项管理，严格论证，科学选址，避免重复建设，无序竞争。产区批发市场应建在农产品的集中地，既要考虑交通条件，又要顺应原来的农产品集散规律。销区批发市场应纳入城市建设总体规划，根据可能的辐射范围布局。市场建设要注重质的提高，坚持以改建和扩建为主，盘活存量资产，注重与经济、环境、城市建设协调发展。要根据区域特点、人口状况、经济水平、产业结构、购销习惯及消费流向等因素，做好市场规模、设施和档次的定位，逐步在全国建立结构合理、流通快捷的农产品批发市场体系。

2. **着力培育市场内有活力的经营主体，激活农产品批发市场**

要创造条件使经营者进入有稳定预期的无形市场。包括：纵向一体化，以贸工农一体化的组织形式，将农产品生产者和加工者、营销者之间的市场关系内部化，实现风险共担、利益共享；横向一体化，发展销售合作组织，提高农民参与流通的组织化程度，已成为解决小生产与大市场之间矛盾的当务之急，也是完善批发市场、优化价格形成机制的实际要求。

3. **鼓励交易方式的变革和创新**

积极稳妥地推行拍卖制、销售代理制、配送制和电子商务等，健全农产品价格形成机制。拍卖制是国际上规范批发市场价格机制的较为普遍的方式，其好处是集中竞买，避免了一对一的讨价还价，大幅度提高了交易的效率；买者均公开报价，高度透明，公平竞争，使得强买强卖、回扣、贿赂等扰乱流通秩序的行为没有了可乘之机；价格完全在供求的作用下形成，公平合理；明显提高信息的集散传播效率，有利于理性的交易决策。所以，我国生鲜农产品批发市场的交易方式要逐步实行拍卖制，这也是提高营运效率的有效手段。因此，要鼓励发育大型的批发商组织，以扩大交易规模，同时要促进委托代理批发贸易的发展，提高交易的组织化、专业化程度，从而为拍卖制的发展提供良好的条件。此外，要充分利用现代信息技术和物流体系发展农产品配送制和电子商务。

4. 强化软件建设，提高市场管理水平

一是坚持建设标准化。不同类型的市场，要找准自己的位置，按照对应的层次和性质，设计确定自身的建设规模和结构。二是坚持交易规范化。凡有条件的农副产品批发市场应积极探索发展会员制、拍卖制等交易方式，要积极引入代理制，通过竞争，使批发市场真正成为产销指导中心。三是坚持品种和包装标准化。要选择部分以销地产品为主要方式的农产品专业批发市场，引入分选、包装设备和冷藏设施，通过品种包装标准化，达到方便成交，方便运销和延长销售季节。四是坚持管理法制化。健全各项规章制度，争取各项税费依法征收，保障交易公开、公平、公正和有序。

5. 健全农产品质量标准体系和农产品市场信息网络，提高市场交易效率

商流与物流的分离是现代营销制度的重要特征之一，其前提条件是要建立健全农产品质量标准体系。质量标准化也是国际国内两个市场接轨的需要。高效率的市场体系要有高度发达的信息网络支撑。信息网络的发达程度是农产品市场发育程度的一个标尺。

6. 逐步完善市场监测体系

建立有权威的农产品供给、需求、市场价格变动的预测预报系统和信息发布制度。发挥和完善农产品市场机制对农业生产、农产品流通起主要调节作用，客观上要求农民主要根据市场上农产品价格信号进行安排生产和经营。但由于中国农户经营规模小、组织化程度低、对市场的参与度不高，取得市场信息的渠道有限，从而使农民不能很好地及时从市场获得准确的信息，来按照市场需求组织生产、经营。因此，在建立农产品市场体系的过程中，要建立农产品供给、需求、市场价格变动的预测预报系统和信息发布制度，满足农民对市场组织生产的需要。为此要建立和完善一个反应灵敏、高效的农产品市场监测体系，来监督、检测农产品批发市场的运行，发布重要农产品市场交易、市场地位、农产品质量和价格动态等监测结果，设立重要农产品市场档案，这是市场经济体制下农产品市场制度建设的一项重要内容。

三、农产品期货市场

（一）期货交易的内涵

期货交易是与现货交易相对应的一种交易方式，是商品交换的一种特殊方式，其最早始于农产品期货合约，这是由农业的重要性及特殊性所决定的。期货交易是指按照一定的条件和程序，由买卖双方在交易所内预先签订产品买卖合同，而货款的支付与货物的交割则要在约定远期进行的一种贸易形式，属于信用交易范畴。由于期货合约的买进和卖出是在期货交易所的交易场内进行的，人们也把期货交易所称作期货市场。期货市场是指期货交易交换关系的总和。期货市场是随期货交易的发展而发展的，反过来，期货市场尤其是期货交易所的健全和发展也促进了期货交易的发展。

农产品期货市场的期货交易是在远期合约交易的基础上发展起来的，但又与远期合约交易不同的特殊的商品交换方式，有其独特的运行特征。

（二）期货交易的运行特征

1. 期货交易是“买空卖空”的交易行为

在期货交易中，对买方来说，期货合约只是一种到了交易日期能得到商品的凭证；对卖方来说，期货合约是到了规定的日期应交售商品的凭证。买卖双方进行期货交易的动机是利用市场上价格的上下波动进行套期保值或投机获利。在期货市场上，购买期货合约称为“买空”，出售期货合约称为“卖空”。

2. 期货交易是一种委托性质的交易行为

期货交易的买卖双方必须委托经纪人，由经纪人在交易所办理买卖和结算手续，买卖双方不直接接触。按照有关规定，能够进入交易所进行直接交易的人，可以是交易所的会员，也可以是持有执照的经纪人，其他客商或投机者只能按照既定的程序委托会员或经纪人代买或代卖。期货价格是场内经纪人通过公开、充分竞争后达成的竞争价格。由此可见，期货交易实属委托性质的交易。

3. 期货交易是以期货合约自由转让为前提的交易行为

期货交易不但内含预买和预卖行为，更主要的是，这种预期买卖活动是以自由转让期货合约为中心内容。在期货交易过程中，交易人不必等到合约到期才进行实物交割，而通常是在期货合约到期前而将交易冲销或称平仓、清盘、结算。

4. 期货交易是在交易所进行的交易行为

期货交易一般不允许进行场外交易。期货交易所不仅为期货交易提供了一个固定的场所，提供了交易必需的各种设备，而且还为期货交易制定了许多精密的规章制度，使期货交易所成为一个组织化、规范化程度很高的市场。

（三）农产品期货市场的作用

1. 调节市场供求，减缓价格波动

从宏观上看，开展农产品期货交易，有利于防止市场价格过度波动，避免社会资源的浪费。农产品期货价格是由供需双方根据各自对将来某一时点市场供求状况的预测，既能预先反映未来市场供求状况，也能对未来各个时间的供求进行超前调节。从而在宏观上起到防止盲目扩大生产规模、平抑物价的作用。从微观上看，农产品生产、加工、贸易企业能通过期货交易方式转嫁价格风险，减少生产损失。一般来讲，现货与期货市场的价格涨落方向一致，如估计到以后的粮食价格要下降，生产有一定的价格风险，他可以在期货市场卖出一份未来某一时期的粮食期货合约。在期货交割前，现货价格如果真下降，他的现货损失可用期货交易的利润弥补，减少或避免价格下降使利益受损的风险。当期货价格发生变动时，生产者可以根据期货市场提供的关于下一生产周期市场供求情况和价格变化趋势的预测，决定下一生产周期的生产规模和产品结构。通过增加或减少市场供给量，使市场供求基本平衡，抑制市场价格剧烈波动。

2. 增强企业经营的计划性，提高管理水平

期货合约的签订，使商品的供应或销售有了保障，也稳定了产品价格和利润水平。因此，企业通过期货市场可以有计划地安排生产和经营，而国家也因此可以通过期货市场实现对微观经济的宏观调控。企业通过期货市场的公平竞争，可促使其提高生产经营管理水平。因为参加期货交易的当事人都具有平等的资格，站在平等的地位，通过公平竞争来决定价格。在信息公开、地位平等、公平竞争的市场环境中取胜，企业就必须不断改善生产经营管理水平，要合理地安排好生产、销售计划，并努力降低成本费用，提高企业经济效益。

3. 节约社会劳动和资金占用

期货交易所涉及的主要是期货合约的买卖，一般并不发生实际的商品流转，从而实现了物流和商流的合理分离。因此，期货交易这种特殊的交易方式，能使生产企业方便地、快捷地以竞争性的价格在期货市场获取其所需要的原材料，从而大量减少商品生产出来以后所固有的大量实物的运输、贮藏活动，因而能够大幅度降低资金占用水平，节约费用开支，提高社会经济效益。

4. 提高市场的交易效率

农产品期货交易是按标准的期货合约进行的，每张合约的交易数量、质量标准一致，交易人不必考虑对方的商业信誉，可以根据需要（套期保值、保本或获取差额利润），在合约规定的实物交割之前进行合约转让。这就扩大了交易的空间范围，促进物质流的流转，使交易效率大大提高。加上投机商的广泛参与，更进一步提高了市场的流动性，促进了整个市场的有效运行。

5. 有助于政府对宏观经济运行的调控

期货市场波动与现货市场既有密切联系又有很大区别。从某种意义上讲，期货市场的波动更是对某种经济形势的一种预示，这种波动所预示的问题如被政府及时发现并采取适当措施加以解决，那么它对现货市场运行的不利影响就可以避免。农产品是人们的基本生活资料，事关国民经济的稳定和社会的安全。因此，各国政府对参加期货交易的农产品都保留有一定数量的国家商品储备，因而国家作为期货市场最大的潜在交易者，其农产品储备量的数量变化乃至国家各项经济政策规定的变化，都会影响期货交易者对未来供求的预测，从而改变期货市场价格波动的幅度和方向，使其符合国家宏观经济发展的需要。从这个意义上讲，期货市场价格比现货市场价格更易受国家宏观政策的影响，而且也更具有宏观经济可调控性。

6. 完善农产品市场体系

农产品期货市场的建立，使农产品市场体系更趋完善。现货交易一般进行的是短期交易，缺乏预测性、长期性，市场可控性差。而期货市场作为高级形式的市场制度，它具有风险回避功能和价格发现功能，从而能够弥补现货市场的功能性缺陷，为农产品生产和经营创造了更为良好的市场条件。

当前，“小生产面对大市场”是我国农业发展困境中的核心问题，面对风险大、标准高、竞争性强的国际大市场，只有实行农业市场化、产业化、集约化经营，才能促进农业生产与市场有效对接。期货市场作为市场经济的高级形态，能够在价格发现、风险转移、促进农业市场化方面发挥重要的促进作用。

（四）农产品期货市场的规范与完善

第一，完善期货品种上市机制继续推出适合我国农产品市场发展的农产品期货品种。第二，改善农产品期货市场投资经营结构以最终形成投资主体多元化、经营范围多样化、资金来源多渠道的格局，增强农产品期货市场发展的活力、动力和稳定性。第三，规范期货交易行为要加强期货市场法规建设，不断规范期货交易所、期货经纪公司、套期保值与投机人的市场行为，为农产品期货市场发展创造良好的发展环境。

随着我国市场经济的进一步发展，各项法规的完善及各种交易行为的规范，农产品流通理所当然将成为农业发展的有力保证。因此，政府要利用好农产品批发市场、专业市场、拍卖市场和期货市场这个宏观调控的支点，采取经济手段、法律手段，辅之以行政手段，在充分发挥市场机制的前提下，加强农产品流通市场的宏观调控，确保农产品市场的稳定，促进我国农业的稳步发展。

第二节　农产品物流的分类

一、物流与农产品物流的概念

（一）农产品物流的概念

农产品物流是物流业的一个分支，指的是为了满足消费者需求而进行的农产品物质实体及相关信息从生产者到消费者之间的物理性流动。它是以农业产出物为对象，通过农产品产后收购、运输、贮存、装卸、搬运、包装、配送、流通加工、分销、信息活动等一系列环节，做到农产品保值增值，最终送到消费者手中。农产品物流的发展目标是增加农产品附加值，节约流通费用，提高流通效率，降低不必要的损耗，从某种程度上规避市场风险。

现代农产品物流涵盖了与农产品相关的生产、流通和消费领域，连接了供给主体和需求主体。它是一种服务产业，是一种追加的生产过程，它克服时间和空间的阻碍，提供有效的、快速的农产品的输送和保管等服务来创造农产品的效用，主要包括实物流和信息流。

我国是一个农业大国，农产品的有效流通涉及整个国民经济运行效率及质量，涉及农业现代化，涉及农民的根本利益。在市场竞争日益激烈的今天，随着消费者对产品个性化、多样化的需求，传统的农产品流通销售模式不能适应市场需求。因此，构建高效的农产品物流体系，不仅能使农民生产的产品实现其价值与使用价值，还可以使农产品在流通过程中增值，通过有效的控制与管理，降低农产品流通的成本，提高农业生产的整体效益，从某种程度上规避市场风险。

（二）农产品物流的特点

农产品物流是物流中特殊的一部分，既包含了物流的普遍特点，也有其独特性。概括而言，主要特点有以下六个方面：

1. 农产品物流涉及面广、量大

我国居民生活消费农产品主要以鲜货鲜销形式为主，在分散的产销之间要满足消费者在不同时空上的要求，使得我国农产品物流面临着时间、空间、数量和质量的巨大挑战，加上轻工、纺织和化工所用原料农产品，我国农产品物流流量之大、流向之广在世界各国中名列前茅。

2. 农产品物流具有季节性和周期性

农产品成熟时，出现短时、较大的物流量，而季节过后，物流量迅速减小，呈现较大的周期性和波动性。由于农产品生产的地域分散性和季节性同农产品需求的全年性和普遍性发生矛盾，使农产品供给与消费之间产生了矛盾，以致准确掌握供求信息相当困难，无法及时进行调整，造成经营农产品流通具有较大的风险。

3. 农产品物流具有预期性

预期是指对与当前决策有关经济变量未来值的预测，是决策者对那些与其决策相关的不确定的经济变量所做的预测。农产品的生产者都是根据当年农产品的价格来决定下一年农产品的种植数量，这将导致农产品的供给数量与农产品价格年复一年地大幅反向波动。在某些条件下波动将收敛于均衡值，在其他条件下，波动是不收敛的。

4. 农产品物流具有易耗性

“鲜活”是农产品的生命和价值所在，但鲜活农产品的含水量高，保鲜期短，极易腐烂变质，因而农产品物流特别要求绿色物流。由于农产品的各种生物属性，使得对农产品流通过程中的贮存、保鲜、加工等环节有很高的技术要求。需采取低温、防潮、烘干、防虫害等一系列技术措施，它要求有配套的硬件设施，包括专门设立的仓库、输送设备、专用码头、专用运输工具、装卸设备等。

5. 农产品物流具有专业性

由于农产品所具有的生化品质特性，使得农产品物流具有很强的专业性。如大部分农产品在流通过程中需要采取各种措施以达到保鲜的目的，一些鲜活动物产品进入流通领域后，还必须进行饲养、防疫等，这些都需要专门的知识和设备，要求农产品物流的设施、包装方式、储运条件、运输工具和技术手段等具有专用性。

6. 加工增值是农产品物流的重要内容

农产品加工增值和副产品的综合利用是减少农产品损失、延长其保存期限、提高农产品附加值、丰富人民生活、使农产品资源得以充分利用的重要途径。因此，农产品加工是农产品物流中一个不可缺少的重要组成部分。比如，粮食深加工和精加工、畜牧产品加工、水果加工和水产品加工等，具体包括研磨、抛光、色选、细分、干燥、规格化等生产加工、单元化和商品组合等促销加工作业，以使农产品流通能顺利进行。加工是农产品物流的关键环节。

二、农产品物流的分类

根据农产品物流在农产品供应链中的作用不同，把农产品物流的全过程分成生产物流、销售物流、废弃物物流三种不同类型。

（一）农产品生产物流

农产品生产物流是指从农作物耕作、田间管理到农作物收获的整个过程中，由于配置、操作和回收各种劳动要素所形成的物流。生产物流是生产农产品的农户或农场所特有的，与工业生产物流相比，一方面，农产品生产物流受自然条件制约性大，具有不稳定性，在物流过程中要充分考虑生产的布局、季节性生产、分散性生产等因素的影响，物流要与当地的生产条件相结合；另一方面，农产品生产物流内容较单纯，活动范围小，主要是农业生产要素从仓库到田地和田地之间的往复运动。在我国农产品生产物流除少量企业化生产，物流量较大外，大多由个体农户生产或从事，每户承包土地不多，耕种或养殖物流量小。

农产品生产物流按照生产环节可以分为三种形式：一是产前物流，包括耕种、养殖物流及相关的信息物流，即为耕种、养殖配置生产要素的物流，如农业拖拉机等农业机械设备及生产工具的调配和运作，种子的下种，化肥、地膜等的布施；二是产中物流，即为了培育农作物生长的田间物流管理活动和养殖畜禽、鱼类等的管理活动，包括育苗、插秧、锄田、除草、整枝、杀虫、追肥、浇水等作业所形成的物流；三是产后物流，即为了收获农作物形成的物流，其中包括农作物收割、回运、脱粒、晾晒、筛选、处理、包装、入库作业或动物捕捞和处理等作业所形成的物流。

（二）农产品销售物流

农产品销售物流就是通过包装、贮存、长途运输和短程配送等物流实现农产品销售，完善物流服务功能，其中主要包括根据物流合理化原则确定运输路线、农产品储备系统和包装水平、农产品加工作业水平以及送货方式等相关内容。若销售物流不畅，会影响销售方利益，造成农产品积压甚至丧失价值的不良后果。再加上农产品销售物流的方向是从广大的农村到城镇，大部分物流是先通过收购，从分散的农产品生产者手中把农产品集中起来，再销售到各个城镇，因此，销售物流的空间范围很大。

（三）农产品废弃物物流

在农产品生产、销售及消费过程中，必然导致大屋废弃物、无用物，对它们的运输、装卸和处理的物流活动构成了农产品废弃物物流。据有关资料显示，蔬菜中毛菜和净菜销售的结果比较，100t 毛菜可以产生 20t 垃圾，由此可以推算出毛菜进城到农贸市场上销售时存在着一个数量惊人的无效物流成本。为此，应当建立起生产、流通、消费的循环往复系统，即废弃物的回收利用系统，实现资源的再利用，构建农产品绿色物流。

三、农产品物流系统

（一）农产品物流系统的构成要素

物流系统是由人、财、物、设备、信息和任务目标等要素构成的有机整体。农产品物流系统的构成要素包括一般要素、功能要素、支撑要素和物质基础要素。

1. 农产品物流系统的一般要素

农产品物流系统的一般要素主要是指人、财、物方面。人是物流的主要因素，是物流系统的主体，是保证物流得以顺利进行和提高管理水平的关键的因素。提高人的素质，是建立一个合理化的物流系统并使之有效运转的根本，为此需要合理确定物流从业人员的选拔和录用，加强物流专业人才的培养，使其既了解农产品的相关知识，又掌握物流专业技能。财是指物流活动中不可缺少的资金，物流运作的过程实际也是资金运动过程，同时物流服务本身也需要以货币为媒介，物流系统建设是资本投入的大领域，离开了资金这一要素，物流不可能实现。物是物流中的原材料、产品、能源、动力、专用设备等物质条件，包括物流系统的劳动对象和劳动手段，没有物，物流系统便成为无本之木。一般要素对物流产生的作用和影响，构成物流系统的“输入”。

2. 农产品物流系统的功能要素

农产品物流系统的功能要素指农产品物流系统所具有的基本能力，这些基本能力有效地组合、联结在一起便成了农产品物流的总功能，便能合理、有效地实现物流系统的总目的。物流系统的功能要素一般认为有以下七项具体实际工作环节来构成：

（1）包装功能要素

包括农产品的采收包装，物流过程中换装、分装、再包装等活动。对包装活动的管理，根据物流方式和销售要求来确定。要全面考虑包装对产品的保护作用、促进销售作用、提高装运率的作用、包拆装的便利性以及废包装的回收及处理等因素。包装管理还要根据全物流过程的经济效果，具体决定包装材料、强度、尺寸及包装方式。

（2）运输功能要素

包括农产品供应及销售物流中的车、船、飞机等方式的运输；生产物流中的管道、传送带等方式的运输。对运输活动的管理，要求选择技术经济效果最好的运输方式及联运方式，合理确定运输路线，以实现安全、迅速、准时、价廉的要求。

（3）装卸功能要素

包括对输送、保管、包装、流通加工等农产品物流活动进行衔接活动，以及在保管等活动中为进行检验、维护、保养所进行的装卸活动。在全物流活动中，装卸活动是频繁发生的，因而是农产品损耗的重要原因。对装卸活动的管理，主要是确定最恰当的装卸方式，力求减少装卸次数，合理配置及使用装卸机具，以做到节能、省力、减少损失、加快速度，获得较好的经济效果。

（4）保管功能要素

包括堆存、保管、保养、维护等活动。对保管活动的管理，要求正确确定库存数量，明确仓库以流通为主还是以储备为主，合理确定保管制度和流程，对库存农产品采取有区别的管理方式，力求提高保管效率，降低损耗，加速物资和资金的周转。

（5）配送功能要素

是农产品物流进入最终阶段，以配送、送货形式完成社会物流并最终实现资源配置的活动。配送活动过去一直被看成运输活动中的组成部分，未将其独立作为物流系统实现的功能。但是，配送作为一种现代流通方式，集经营、服务、社会集中库存、分拣、装卸搬运于一身，已不是单单一种送货运输能包含的，所以，应将其作为独立功能要素。

（6）流通加工功能要素

又称流通过程的辅助加工活动。这种加工活动不仅存在于社会流通过程，也存在于企业内部的流通过程中，实际上是在物流过程中进行的辅助加工活动。企业、物资部门、商业部门为了弥补生产过程中加工程度的不足，更有效地满足农户或农业企业的需求，更好地衔接产需，往往需要进行这种加工活动。

（7）物流情报功能要素

包括进行与上述各项活动有关的计划、预测、动态（运量、收、发、存数）的情报及有关的费用情报、生产情报、市场情报活动。对农产品物流情报活动的管理，要求建立情报系统和渠道，正确选定情报科目和情报的收集、汇总、统计、使用方式，以保证其可靠性和及时性。

上述功能要素中，运输及保管分别解决了供给者及需要者之间场所和时间的分离，是物流创造“场所效用”及“时间效用”的主要功能要素，因而在物流系统中处于主要功能要素的地位。

3. 农产品物流系统的支撑要素

农产品物流系统的建立需要有许多支撑要素，尤其是处于复杂的社会经济系统中，要确定物流系统的地位，要协调与其他系统的关系，这些要素必不可少。主要包括：农业体制、农业管理制度；农业法律、规章；行政命令和标准化系统；等等。

4. 农产品物流系统的物质基础要素

农产品物流系统的建立和运行，需要有大量技术装备手段，这些手段的有机联系对物流系统的运行有决定意义。这些要素对实现物流和某一方面的功能也是必不可少的。要素主要包括：农产品物流设施、农产品物流装备、农产品物流工具、农业信息技术及网络、农业经济的组织及管理。

（二）农产品物流系统的目标

农产品物流系统的总目标是获得宏观和微观效益，建立和运行物流系统时要以两个效益为基本目的。现代物流系统目标包括“5S”目标和“7R”目标，同样也适用于农产品物流。

1. 农产品物流系统的“5S”目标

（1）服务目标（service）

农产品物流系统是“桥梁”“纽带”，具体地联系着农业生产与再生产、生产与消费，因此要求有很强的服务性。物流系统采取送货、配送等形式，就是其服务性的体现；在技术方面，近年来出现的“准时供货方式”“柔性供货方式”等，也是其服务性的体现。农产品物流系统必须以用户为中心。

（2）快速、及时目标（speed）

及时性不但是服务性的延伸，也是流通对物流提出的要求。快捷、及时既是一个传统目标，更是一个现代目标，随着社会化大生产的发展，这一要求更加强烈了，在物流领域采取的诸如直达物流、联合一贯运输、高速公路、时间表系统等管理和技术就是这一目标的体现。

（3）节约目标（space saving）

物流过程作为“第三个利润源泉”，利润的挖掘主要依靠节约。在物流领域中除降低投入和流通时间的节约外，通过集约化方式降低物流成本，是提高相对产出的重要手段。

（4）规模化目标（scale opti mization）

以规模化作为物流系统的目标，并以此来追求规模效益。生产领域的规模生产是早已为社会所承认的，由于物流系统比生产系统的稳定性差，难于形成标准的规模化模式。在农产品物流领域，以分散或集中等不同形式建立农产品物流系统，研究物流集约化的程度，就是规模化这一目标的体现。

（5）库存调节目标（stock control）

在农产品物流领域，满足物流低成本、高效率要求的最优库存方式、库存数量、库存结构、库存分布，是服务性的延伸，也是宏观调控的要求，当然，也涉及物流系统本身的效益。

2. 农产品物流系统的“7R”目标

“7R”目标可以概括为：将适当数量（right quantity）的适当产品（right product），在适当的时间（right time）和适当的地点（right place），以适当的条件（right condition）、适当的质量（right quality）和适当的成本（right cost）提供给客户。

（三）农产品物流系统评价指标体系

1. 构建农产品物流评价指标体系的意义

（1）构建农产品物流评价指标体系是经济发展的客观需要

我国关于农产品物流的统计，现存指标在内涵和外延都与现代农产品物流的概念相差甚远，缺乏系统、综合地反映农产品物流活动运行和整体优化状况的指标体系。政府统计部门还未建立起与我国农产品物流业发展同步或相适应的农产品物流统计体系。长期以来，农产品物流相关统计数据缺失严重，使得研究和建立农产品物流评价指标的分析框架、指标体系和跟踪监测体系都存在相当大的困难。由于缺乏量化依据，很多思路建立在定性认识水平上，很难在促进农产品物流业发展政策的形成上产生实质性影响。农产品物流企业在经营中因不掌握市场需求而存在盲目性。

（2）构建农产品物流评价指标体系是加强各部门协调能力的需要

农产品物流活动必须以信息为先导，只有信息流畅通，才能带动商流与物流齐头并进。但我国目前统计信息的各自为政，加剧了农产品物流业的条块分割，削弱了部门之间、企业之间的协调和整合能力，最终成为农产品物流业发展的瓶颈。

（3）构建农产品物流评价指标体系为农产品物流业和宏观调控提供必要的依据

为了及时、准确、科学地提供农产品物流统计信息，应加强农产品物流统计和调查，以全面及时地反映农产品物流业状况和变动情况，准确掌握物流业的规模和水平，为政府部门制定物流政策和发展规划服务，为企业提供投资决策依据服务，为正在蓬勃发展的农产品物流业和宏观经济调控提供依据，建立农产品物流运作的综合评价体系十分必要。

2. 构建农产品物流评价指标体系的原则

根据我国现阶段农产品物流发展水平，设计农产品物流统计指标体系要遵循以下原则：

（1）综合性原则

农产品物流指标体系应是一个涵盖多因素、多目标的复杂系统，其指标的评价应力求从社会、经济和科技的不同层面、不同层次反映农产品物流的综合情况，以保证全面性和可靠性。

（2）针对性原则

由于农产品的种类繁多及生产的季节性和区域性，使农产品物流具有广泛性、专业性、复杂性、严格性以及明显的时间和空间的特定性等特点。因此，农产品物流统计指标的评价应针对性地结合我国农产品物流的特点及发展的现状。

（3）科学性原则

农产品物流统计指标的选取应该有一个科学的理论依据，能真实地反映农产品物流发展的基本状况和运行规律，为农产品物流的发展规划提供可靠的依据。

（4）真实性原则

农产品物流评价指标体系的构建对我国农业乃至国家的经济发展至关重要，所以，在构建的过程中各个指标、数据以及实践的过程要实事求是，真实可靠。

3. 农产品物流综合评价方法的筛选

对农产品物流的绩效评价可以采取下面几种方法：综合评判法、多元统计分析法（主成分法、因子评估法、判别分析、聚类分析）、模糊聚类法、功能系数法、平衡计分法、效用理论法、AHP 法、数据包络分析法、灰色关联度评估法、两阶段物流系统综合评价法等。下面就主要方法加以简单介绍。

（1）综合评判法

该方法是对多种属性的事物，或总体优劣受多种因素影响的事物，做出一个能合理地综合这些属性或因素的总体评判。而模糊逻辑是通过使用模糊集合来工作的，是一种精确解决不精确不完全信息的方法，其最大特点就是用它可以比较自然地处理人类思维的主动性和模糊性。因此，对诸多因素进行综合，才能做出合理的评价，在多数情况下，评判涉及模糊因素，用模糊数学的方法进行评判是一条可行的，也是一条较好的途径。

（2）平衡计分法

是绩效管理中的一种新思路，适用于对部门的团队考核。平衡计分法是 20 世纪 90 年代初由哈佛大学商学院教授罗伯特・S・卡普兰和复兴全球战略集团总裁戴维・P・诺顿设计的，是一种全方位的、包括财务指标和非财务指标相结合的策略性评价指标体系。平衡计分法最突出的特点是，将企业的远景、使命和发展战略与企业的业绩评价系统联系起来，它把企业的使命和战略转变为具体的目标和评测指标，以实现战略和绩效的有机结合。

（3）AHP 法

即层次分析法，是美国运筹学家匹茨堡大学教授萨蒂于 20 世纪 70 年代初，为美国国防部研究“根据各个工业部门对国家福利的贡献大小而进行电力分配”课题时，应用网络系统理论和多目标综合评价方法，提出的一种层次权重决策分析方法。这种方法的特点是在对复杂的决策问题的本质、影响因素及其内在关系等进行深入分析的基础上，利用较少的定量信息使决策的思维过程数学化，从而为多目标、多准则或无结构特性的复杂决策问题提供简便的决策方法，是对难以完全定量的复杂系统做出决策的模型和方法。

第三节　农产品物流供需管理

一、农产品物流需求与供给

（一）农产品物流需求

1. 农产品物流需求的概念

从农产品物流需求的主体角度看，农产品物流需求可定义为，一定时期内由社会经济活动引起的对生产、流通、消费等领域的农产品配置而产生的对农产品在空间、时间和费用等方面的要求。农产品物流需求包括运输、存储、包装、装卸搬运、流通加工、价值增值、物流信息等诸多方面。

2. 物流需求的特性

农产品物流是物流体系中的一个部分，而物流需求与其他商品需求相比是有其特殊性的，这些特性是相互关联、相互影响的。

（1）派生性

人们日常生活中的衣服、食物、住房等是一种本源性需求，而物流需求绝大多数情形下是一种派生性需求。社会之所以有物流需求，并非是因物流本身的缘故；人们对物流的追求并不是纯粹为了让“物”在空间上运动或储存。相反，物流的目的是为了满足人们生产、生活或其他目的的需要。显然，物流需求的主体提出空间位移或时间变化要求的目的往往不是位移和时间本身，而是为实现其生产、生活中的其他需求，完成空间位移和时间变化只是中间一个必不可少的环节，这是物流需求的本质所在。

（2）广泛性

人类克服时间和空间的障碍是一项无处不在的经常性活动，而这种努力是以人员、物资、资金、信息等交流为标志的，由此形成了物流普遍存在的客观基础。从区域角度分析，一个区域无论是大还是小，其空间经济组织如何完备，都不可能是一个完全封闭独立的空间，必然要与其他区域有物资、信息等方面的交流，只不过在空间范围和联系程度大小上有所不同。任何一个区域既可以是输出中心，又可以是输入中心。正是由于国民经济各区域间的相互制约、相互作用，使得物流在具有广泛性的同时，又日趋复杂。

（3）多样性

物流需求的多样性是基于主体的多样化和对象的多样化。不同类型的物流需求主体提出的物流需求在形式、内容方面均会有差异，而物流的对象“原材料、零部件和产成品”由于在重量、容积、形状、性质上等各有不同，对运输、仓储、包装、流通加工等条件的要求也各不相同，从而使得物流需求呈现多样性。

（4）不平衡性

物流需求在时间和空间上有一定的不平衡性，时间上不平衡性是指不同的经济发展阶段对物流需求量的影响是不一样的。例如，经济繁荣时期的物流活动与经济萧条时期的物流活动在强度上肯定是有差别的；物流需求的空间上不平衡性是指在同一时间内，不同区域物流需求的空间分布存在差异，主要是因为自然资源、地理位置、生产力布局等因素的差异造成的。

（5）部分可替代性

不同的物流需求之间一般是不能互相替代的。例如，水泥物流需求不能替代水果物流需求。但是在另一些情况下，人们却可以对某些不同的物流活动做出替代性的安排。例如，煤炭的物流需求可以被长距离高压输电线路替代；在工业生产方面，当原料产地和产品市场分离时，人们可以通过生产位置的确定，在运送原料还是运送产成品或半成品之间做出选择。

（6）空间特定性和时间特定性

市场经济条件下，物流呈现一种灵活性和易变性，但在一定时期内，还具备空间特定性，具体表现为在某一空间范围内的特定流向，如煤炭企业的煤从产地向电力企业的所在地流动。而在企业内部，物流空间的特定性就更明显了，具体表现为企业内物流发生于内部各部门、各单位、各工序、各岗位之间，物流活动相对狭小和固定。时间特定性则表现为在一定范围内的定时运输、配送等。

(7) 层次性

物流需求的层次可分为基本物流需求和增值物流需求等。基本物流需求主要包括对运输、仓储、配送、装卸搬运和包装等物流基本环节的需求；增值物流需求主要对包括库存规划和管理、流通加工、采购、订单处理和信息系统、系统设计、设施选址和规划等具有增值活动的需求。基本物流需求一般是标准化服务需求，而增值物流需求则是过程化、系统化、个性化服务需求。一些国家除了基本物流需求旺盛外，对增值物流服务也有很大的需求，如对库存管理、物流系统设计需求。发展中国家则主要集中于基本物流服务，集中在对基本常规项目的需求上，如干线运输、市内配送、储存保管等服务。

3. 农产品物流需求的特征

除了以上一般的物流需求的特殊性以外，农产品物流需求又有其突出的特征。

(1) 农产品物流需求范围广、规模大

农业不仅包括种植业，而且还包括林业、畜牧业、渔业等。因此，农产品包括谷物、油料作物、蔬菜、林产品、畜产品、水产品等。在现实生活中大量的农产品，不仅可直接转化成消费品、原材料（种子、饲料），而且部分农产品需要先行转换为轻工业的原材料，而后再转换成消费品。这使得农产品物流需求不仅涉及农业部门，而且涉及工业部门、流通部门、消费者，涉及的范围更广、规模更大。

(2) 农产品物流需求复杂

农产品种类繁多，农产品物流需求不仅涉及农产品生产者自身，而且涉及工业品生产者和消费者，所以，农产品物流需求十分复杂。

(3) 农产品物流需求相对独立

农产品生产具有特殊性，它包括自然再生产与社会再生产。它不仅受人为因素影响，还受自然因素影响。农产品生产的特殊性决定了农产品生产在基础设施、仓储、运输等多方面具有相对独立性。

4. 影响农产品物流需求的因素

影响物流需求的因素有很多，具体包括以下十个方面：

(1) 价格

价格是影响微观主体物流需求量的一个重要因素。二者之间存在一种此消彼长的关系：物流服务价格上涨，物流需求量减少；物流服务价格下降，物流需求量上升。

(2) 经济发展水平

一般而言，物流需求总量受社会经济发展的影响，不同社会经济增长的时期决定了物流需求的不同特点。社会经济发展水平相对发达的地区，其物流需求水平相对也高一些，像一些进入后工业化时期的国家，对于多功能集成或一体化的物流需求就比较旺盛；社会经济发展水平相对落后的地区，其物流需求水平相对也低一些，分散、非系统化的物流需求相对比较流行。

（3）市场环境

市场的统一和市场范围的扩大可以促进物流活动范围的扩大，像经济全球化、区域一体化等市场环境的变化，使得物流需求的空间范围日益扩大。贸易的自由化和产品的地理分工推动着物流、资金流、信息流的迅速增长。此外，同业水平和市场内的竞争程度也对物流需求有着直接的影响：竞争越激烈，企业越要加强物流服务能力建设，相应地物流需求越旺盛。

（4）物流供给

物流供给对于物流需求有实质性的影响。物流供给能力大的地区，其物流需求相应较物流供给能力较低地区为高，主要是因为物流供给能力大的地区除了可以满足现有的物流需求，还可以使更多潜在的物流需求得到释放。

（5）空间经济布局

空间经济布局的不平衡（如自然资源禀赋、产业布局、生产力和消费群体分离等）导致“物”在空间和时间上发生状态改变，从而引起物流需求的变化。空间经济布局造成的产业间联系，会激发出相应的空间物流需求。

（6）地理因素

地理因素是影响物流需求的外生变量。很多地理因素是人类无法控制的，如可通航的水域等。不同地理的物流需求是有很大不同的，城市内物流、城际间物流就有很大区别；城市和农村的物流也有很大不同。例如，城市物流需求强度和物流需求水平远高于农村物流需求的强度和水平。

（7）专业化分工

社会分工越细，对物流需求越大。地区间专业化分工将会造成地区间的贸易，从而影响地区间的物流需求。即使所有地方的气候条件、土壤肥力、物种资源及人口密度等各方面的情况都没有差别，从长期看，也仍会有地区之间物流需求。这主要是由于生产的专业化可以获得更高的效率，这就使得每一个地区并不是生产所有自己需要的产品都合理，而是低成本地集中生产某些产品，并用自己具有成本优势的产品去交换其他自己需要的产品。这样，地区之间的贸易和物流活动就是不可避免的了。

（8）技术因素

技术进步能够使物流需求量增加或使潜在的物流需求得到释放，而技术落后则会抑制物流需求。如现代通信和信息技术的发展，加快了订货需求的传输速度、生产进度、装运进度以及海关清关速度等，使国际物流作业周期大为缩短，提高了国际物流作业的准确性，大大刺激了全球范围的物流需求。

（9）制度因素

物流需求受到诸如一些非经济和非技术因素的影响，比如，制度方面的因素对物流需求的影响很大，如某些国家由于贸易壁垒，会使人们降低对物流需求的预期。又如，计划经济体制和市场经济条件下的物流需求无论从形式、内涵、质量等方面都有很大区别。

（10）居民收入水平和消费结构

居民收入水平很大程度上决定了物品的购买种类和数量，居民的消费结构很大程度上决定着产品结构，从而决定了物流中“物”的数量和质量要求。可支配收入高的居民，对农产品的质量和时效性要求也高。

（二）农产品物流供给

1. 农产品物流供给概念

农产品物流供给是与农产品物流需求相对应的一个重要概念。从微观经济主体看，农产品物流供给主要是指在一定价格水平下，企业愿意提供的各种物流服务的数量。物流供给的实质就是物流服务的提供。

2. 农产品物流供给的特征

农产品物流供给与一般的物流供给都有以下一些特性：

（1）个性化

物流供给的个性化并不排斥标准化，相反，它是标准化基础上的个性化，即物流供给是整合运输、仓储、包装等标准活动基础之上的个性化。具体表现为：物流服务供给主体能够根据不同的需求主体提供“量身定做”的服务，既可以提供从供应地到消费地的全程一体化服务，也可以提供环节性服务。

（2）完整性

物流供给是由一系列不同的功能活动（运输、仓储、包装、流通加工等）有机协调，才能有效地满足客户真正需要的服务。如果只是完成其中某一环节的功能，那么这种不完整的服务，也不是完整意义的物流供给。

（3）节约性

表现为通过现代管理和各种技术手段，实现物品在时间和空间变化方面的合理化，达到对空间和时间的节约，寻求把正确的物品以正确方式送到正确地点的正确客户的手中。物流活动是一种降低总成本的活动，这种成本降低活动包括的内容是广泛的，即时间成本的降低、空间成本的降低，而且还包括交易成本的降低等。

（4）网络性

一次完整的物流过程是由许多运动过程和许多相对停顿过程组成的。一般情况下，两种不同形式运动过程或相同形式的两次运动过程中都要有暂时的停顿，而一次暂时停顿也往往联结两次不同的运动。物流过程便是这种多次的“运动—停顿—运动—停顿”所组成。与这种运动形式相呼应，物流网络结构也是由执行运动使命的线路和执行停顿使命的结点两种基本元素所组成。

3. 影响农产品物流供给的因素

影响农产品物流供给的因素很多，具体表现在以下七点：

（1）社会经济发展水平

农产品物流供给受经济社会发展水平的制约。经济发展水平很低，社会生产力低下的情况下，就不存在完整意义的物流服务供给。随着经济社会发展，贸易范围的扩大，分工的进一步深化，现代农产品物流供给才有可能大规模地发生和发展。

（2）价格

价格是影响市场上农产品物流服务供给量的重要因素。在一定时期内，价格高，物流服务供给总量就会增加，价格低，物流服务供给总量就会下降。合适的农产品物流服务价格是一个健康物流市场的前提条件。

（3）技术

物流技术和基础设施是物流供给的基础性条件。物流技术与装备水平的提高，能对物流供给能力产生革命性的影响。蒸汽机的发明使得机械动力代替自然动力，人类扩展空间范围的能力迅速提高。进入 20 世纪中期，计算机的发明、信息技术的应用，使得人们能够以更加精确、迅捷的方式实现空间位移。

（4）物流需求

物流需求规模的大小和变化方向决定了物流供给的可能空间和发展方向。缺乏物流需求，则会使物流供给缺乏动力。物流需求旺盛，物流供给相对就会增加。如果存在潜在巨大的物流需求，则对未来的物流供给有很强的诱导作用。

（5）工农业布局

工农业生产的布局对物流基础设施网络的形成和发展有决定性的影响。例如，我国的东北是全国老工业基地，也是重要的商品粮生产基地，因此，该地区就较早形成了密集的铁路、高速公路网络，辽宁沿海地区的港口建设和吞吐能力也发展迅速。

（6）制度和政策

例如，市场准入的条件决定了物流企业进入市场的难易程度，严格的市场准入条件将会提高企业从事物流服务的门槛，从而影响市场物流供给的总量。而消除一些制度壁垒，如近年来全球范围内放松运输管制，对全球贸易和全球物流产生了重大影响。

（7）管理、知识和人力资源

为了实现对各种分散物流功能、环节和资源的有效整合，管理者需要提高自己的知识水平，学习和掌握现代物流系统最优化设计的知识。要提升整体物流效能，最重要的是要拥有现代物流人才，不管物流设备、系统如何先进，物流结点和物流网络如何发达，没有好的物流人才加以经营、管理、统筹、计划，就不会有好的物流效率。

二、国内农产品物流需求分析

农产品的初级产品与最终的消费品之间存在较大的差异，这从本质上决定了要实现农产品从生产到消费的转移和价值的最终实现就需要存在以下各环节的需求。

（一）农产品包装加工的需求

农产品包装是指为了在流通过程中保护农产品数量和质量，方便储存和运输，满足消费需要而对农产品采取的保护措施。农产品的加工是指以农产品为劳动对象，进行劳动再投入，保持或提高其原有的使用价值。按加工方式可分为简单加工和复杂加工两大类；按加工程度可分为初级加工和深度加工。

农产品在包装与流通加工环节的物流特点有：

1. 初级加工和简易包装为主

由于农产品多属于生鲜食品，包装加工都以简单方便为主。

2. 包装加工环节是农产品增值环节

通过包装和加工改变农产品的外观和形态，从而实现产品本身价值的增值，也是物流实现产品价值的必要环节。农产品加工是用物理、化学和生物的方法对农产品进行再生产的活动，是农产品从生产领域进入消费领域的重要环节。一方面，农产品的生产和需求的特点要求农产品产供销密切结合，流通渠道畅通，产品采摘收获后及时送至加工企业，再把加工品及时运达销售地，送到消费者手中；另一方面，长期以来我国农产品主要是以销售初级产品为主，尽管已逐步认识到加工增值的重要性，但由于加工技术落后导致加工深度不够，农产品附加值较低，品种、质量、品级等不能满足目前较高消费的需求，最终导致农业比较利益低。因此，现代农业经济迫切需要农产品加工业的发展与农业生产同步。

（二）农产品储存的需求

农产品储存的基本任务是发挥好“蓄水池”的作用。搞好农产品储存过程中的保存和养护，提高仓储经营管理水平，实现产品从生产领域到消费领域的转移，满足消费者的需要，促进生产的发展，保证社会再生产连续不断地进行。农产品的储存量受到客观经济因素的影响和制约，这些因素主要有：农产品生产周期，有效储存期，销售量，产销地距离和交通条件，仓储设施状况和仓储水平，农产品本身对国计民生的影响程度等。

农产品储存可以分很多种类型，一般可分为如下三种：第一，一般储存。用于储存没有特殊要求的一般农产品，如小麦、玉米、大豆等。第二，冷冻储存。用于较长期储存容易腐败变质的动物产品，如肉类、鱼类等。第三，恒温储存。主要用于储存一些对温度和湿度有要求的农产品，如水果、蔬菜等，这类产品对储藏库要求温度既不能过高，也不能过低，还要保持合理的湿度。

农产品储存环节的物流特点主要是：第一，储存数量大，品种多。第二，储存技术要求高。对农产品必须妥善保管和养护，科学堆码和安排铺垫，加强仓库湿度控制，防止农产品腐烂变质，防治储存中的虫害、鼠害。第三，具有一定的风险性。一方面是自然风险，如火灾等；另一方面是市场风险，即农产品市场价格波动对农产品储存者带来经济损失。

因此，要合理确定农产品的储存数量和结构。各类农产品储存的比重要和各类农产品销售额相适应，农产品储存者必须经常地分析农产品需求构成、变化和各类农产品销售动态，在此基础上引导生产部门生产适销对路的农产品。

（三）农产品运输的需求

农产品地区之间的流通与运输，主要是由生产区域性决定的。一方面，各地生产有不同的特色产品，需要互通有无，同类农产品的生产有集中或分散，多余或匮乏，需要长短互补；另一方面，农业生产专业化和商品化程度的提高，势必冲破地方性市场，要求农产品进行地区之间或全国性的流通；城乡居民生活水平的提高，要求农产品必须满足不同需要和提高经营效益。因此，就要求农产品运输环节依农产品产区供应的可能和销区实际的需要来合理组织农产品运输。

农产品运输是农产品流通环节中的重要组成部分。根据农产品的特点，合理地组织运输，做到减少流通环节，缩短流通距离，降低运输费用，减少运输损失，以最快的速度把农产品从产地运到销地，加快农产品流通，保证市场供应。

由于农产品和工业品相比有自己的特点，就决定了农产品的运输也有自己的特点：第一，农产品多属季节性运输。收获季节运输量大，其他季节运输量很小，运输需求不均衡。第二，农产品多属轻浮物品运输。一般体积大，单位价值低，运输成本高。第三，农产品多属鲜活商品的运输。对运输过程中的保鲜技术有很高要求，也限制了运输的半径和范围。第四，一些农产品运输前需要加工处理。比如，小麦，必须经过烘干、装袋才方便运输。第五，农产品短途运输量大。由于农产品具有易腐特性，限制其运输半径，多以本地消费、加工为主。

（四）农产品市场信息的需求

传统农产品流通过程中，由于信息网络技术应用水平较低，出现了农户“卖难”和消费者“买难”的信息不对称矛盾。

由于农产品物流是包含着存储、加工、包装、运输、销售以及伴随着信息的收集与管理等一系列环节的这样一个系统，使其能在以上各需求基础上，以方便快捷的方式满足各消费者的不同需求为目标，完成生产者与消费者的有机结合，达到生产者生产出产品能及时运到所需要的消费地点，而消费者在其所需要的时间、地点能方便地获取自己所需要的消费品。也正是由于它不仅满足这些不同需求，而且可以对这一系列环节进行了有效的连接和整合，缩短流动中间消耗，降低流动成本，减少不必要的农产品损失等这些优越性，促使农产品物流成为当前的热点问题。

第四节　农产品运输与配送管理

农产品运输与配送管理的整个过程包括农产品运输管理、仓储管理、配送作业管理、供应链信息决策管理、大数据与农产品物流管理五个方面，一套完整的运输配送流程离不开这些方面的管理。

一、农产品运输管理

“新鲜”是农产品的生命和价值所在，但由于鲜活农产品的含水量高，保鲜期短，极易腐烂变质，会大大缩短运输半径和运输时间，因此，要求更高的运输效率和流通保险条件。农产品本身的这些特点，决定了要采用不同的车辆对不同的农产品进行运输，要对不同的车辆及运输任务进行合理的搭配。

农产品的运输管理需要运用运输子系统，包括 GPS 和 GIS 等技术及时跟踪农产品的运输状况并得到反馈信息，通过对农产品运输成本和时间要求的分析比较，优化农产品运输路线以便控制运输成本和时间。

农产品运输管理主要有运输计划、配载管理、运输结算、车辆信息维护四个方面的内容。运输计划是根据门店调拨和批发销售商品的体积、重量和货物去向自动进行运输调度管理，生成运输作业单；配载管理是根据运单进行车辆运载确认，对实配重技、体积进行管理，记录出车时间，考核实际出车量、运行里程等，并进行道路流量分析，以辅助运输计划；运费结算是根据运单对内和对外结算配送运费；车辆信息维护包括车辆基本信息、购车年限、维修情况、事故记录、油耗情况及根据出车行驶里程、安全驾驶等情况对驾驶员业绩进行考核。

二、农产品仓储管理

农产品生产季节性较强，而且有地域性特点。所以，库存能力既要有伸缩性，又要避免资源的浪费，仓储管理系统不仅要满足现有的仓储能力，还要有“预见”能力，从而为即将到来的农产品仓储高峰做好准备。

仓储管理包括农产品入库信息管理、出库信息管理、库位资源管理、堆存费用及其他费用管理、流程监控管理费、报表管理、档案维护等，并提供计算机辅助决策，对即将达到或超过上下限库存量范围的不同程度进行分级预警。

利用农产品供应链管理信息系统进行仓储管理时应注意：一是农产品进出库信息的及时、准确录入，这是仓储管理乃至整个农业供应链信息管理的至关重要的部分；二是农产品库位管理的精细化。库位管理可以使得农产品有序地存储，便于寻找和分拣，仓储管理的水平在很大程度上取决于管理的精细化程度。

三、农产品配送作业管理

农产品配送作业管理主要包括门店订货管理、物价管理、批发销售、退货管理、销售分析、应收账款管理等模块。

订单管理是门店通过电话访问配送中心库存情况，并实时形成订货清单，经业务部门汇总形成内部调拨单；物价管理包括调拨商品在门店的售价（指导性）管理和配送中心对外批发价格的管理，分为新商品核价及一般商品的调价和折扣等；批发销售包括向社会客户批发销售或配送及向部门门店调拨形成销售，对门店销售从门店订货单内自动转入信息；退货管理是指门店配送或批发商品的退货；退货后形成销货退货单并进行结算，增减实际库存；销售分析包括销售排行、销售情况查询、成本毛利生成及其分析查询等；应收账款管理是向门店调拨销售的内部结算和对外批发引起的应收账款的管理。

四、农产品供应链信息决策管理

在农产品供应链管理中，所有的客户订单、农产品库存变化、车辆调配情况、人员使用情况、成本费用支出情况等，因为需要以单据的形式落实，而被强制在系统中随时更新。因此，系统中存储着相当完整的业务相关数据。

农产品供应链信息决策管理系统提供了一些分析方法，如滑动平均分析法、多元回归分析法、线性规划法、多目标规划法等，而且还可以用可视化技术实现数据作图，包括柱状图、饼状图、线形图等形象化手段，以不同的视图进行资源信息的比较分析，以便分析结果直观、明了。

五、大数据与农产品物流管理

（一）大数据在农产品物流管理系统中的应用价值

1. 完善物流统计系统

在传统的农产品物流管理中，无法全方位地开展物流信息统计分析，导致无法全面提取到一些消费者、零售商等信息。在农产品管理系统中应用大数据技术之后，大数据在很大程度上完善了物流统计系统，可以对消费者、零售商、访问热点等信息进行提取和分析，对消费者的购买心理加以详细分析，从而掌握农产品物流发展趋势，提高农产品的物流管理质量。

2. 带动农产品物流市场发展

大数据的出现带动了各行各业的发展，在农产品物流管理中应用大数据同样也可以带动物流市场发展。将大数据和农产品物流相结合，是农产品物流市场的未来发展趋势之一，可以给农产品物流市场发展提供足够的动力。大数据能够让农产品物流实现产品和技术上的创新，并拓展全新的知识领域，在市场中会出现越来越多的新事物，从而促进农产品物流市场的可持续发展。通过大数据技术对农产品物流过程中所产生的数据加以收集、处理、分析，不但可以给农产品企业带来效益，还可以降低农业风险。从农产品企业的角度来看，在农产品物流管理系统中运用大数据，可以分析消费者的购买心理，并及时做出调整。同时，大数据的应用还能够给农产品零售商提供销售路线，对现有销售策略加以优化，把农产品零售商的销售策略和消费者密切联系起来，从而提供更具个性化和特色化的服务。

3. 降低资金成本和时间成本

在大数据背景下，农产品物流管理发生了非常大的变化，且传统的农产品市场也会逐渐减少，更多的是将大数据技术运用在农产品物流管理系统中。在以往的农产品物流中，消费者必须亲自到市场才可以购买农产品。在大数据背景下，传统的农产品物流模式将会面临巨大的挑战：批发和零售市场将会衰落，功能强大的农产品物流管理平台中心将矗立起来，变成整个农产品物流模式中的智能管理中心，传统的营销终端将会被手机上的农产品 APP 和计算机中的客户端所替代，消费者的消费数据、资金流动数据、产品信息、产品检测信息、广告、促销、订单的执行和配送管理等，都将通过这个巨大的信息数据中心处理和运营，直接缩短了农产品的物流时间。同时，大数据的使用也有效降低了农产品物流成本，在减少了传统农产品市场之后，农产品物流并不会全部进入市场中，反而会按照消费者的需求，直接从生产者手中转交到消费者手中，在节省物流成本的同时，也大大缩短了物流时间。

（二）大数据在农产品物流管理系统中的具体应用

1. 在农产品物流管理系统具体流程中的应用

在农产品物流管理系统中应用大数据后，工作流程也会发生一定的变化。农产品物流过程中，首先要使用无线射频、条码扫描或 GPS 的方式，将农产品物流信息输入到系统中来，在正式处理之前，把信息保存在数据库中，为之后的运输提供有效依据。在这过程中，一些数据在得到处理之后还具备很高的应用价值，保存下来可供之后分析使用。同时，须将数据进行加工，生成可参考的物流信息，之后再形成有价值的数据链。管理人员再通过微信和网站等方式将农产品物流信息发布出来，让消费者可以清楚地看到农产品的位置、到达时间等信息。

2. 在农产品物流管理系统结构设计中的应用

物流管理系统对于农产品信息来说非常重要，消费者主要是通过物流管理系统来获取物流信息的，在使用大数据对农产品物流管理系统结构进行设计的过程中，以通过大数据收集和处理与农产品有关的物流信息，实现集中控制。同时，还可以通过大数据实现农产品信息数据的开发、分析，给企业未来发展规划调整提供有力支持。在使用大数据进行结构设计时，主要可以分为基础管理系统、销售管理系统、仓储管理系统、结算管理系统四个子系统。其中，基础管理系统主要是围绕农产品物流运输货主开发的，可以实现对货主身份的验证、注册、注销等操作，货主可以通过基础管理系统发布物农产品物流信息；销售管理系统的主要作用是检查农产品订单信息的精确度和完整度，并对农产品订单的运行过程加以管理，按照消费者和销售商的询价情况，及时给出反馈；储仓系统则主要是对仓库内的农产品物资进行出库和入库等操作，按照销售管理系统所给出的数据落实对应的工作；结算管理系统则是指对农产品合同上签订的履行义务、解除、订立等情况做出管理，按照数据分析给出的结果，根据消费者的购买需求和市场导向等设计出一个合理的费用，再根据标准计算出对应的物流管理费用。

3. *在农产品物流管理系统销售统计分析中的应用*

在统计分析子系统中，可以通过提取消费者信息，或分析竞争力来得出相关的网页内容，并对客户加以细分。将核心放在消费者购物兴趣、偏好、价格承受范围等内容上，这对于农产品销售企业而言有着积极意义。在分析基础上，可以给农产品销售企业提供实用性较强的销售战略，进一步实现发展。

4. *在农产品物流管理系统数据库设计的应用*

在使用大数据设计农产品物流管理系统数据库时，需要使用 Ha doop 平台为代表的数据库技术和 SQL 分布式数据库技术，将 Ha doop 和数据库进行结合，实现非结构化和结构化数据的处理工作。再把结构化数据、不需关联分析的数据、查询较少的数据保存到 NO-SQL 数据库或平台中来，之后，把非结构化数据、需要关联分析的数据、经常查询到的数据保存到关系数据库中，提高农产品物流管理系统的整体性能。而通过大数据手段，也实现了海量数据的高效处理，与此同时，还不会产生太高的成本。

参考文献

［1］李青阳，白云．农业经济管理［M］．长沙：湖南师范大学出版社，2017.

［2］孙自保，陈庆芝．农业经济管理基层实践手册［M］．哈尔滨：黑龙江人民出版社，2017.

［3］杨祖义．现代农业发展战略研究［M］．北京：经济日报出版社，2017.

［4］兰晓红．现代农业发展与农业经营体制机制创新［M］．沈阳：辽宁大学出版社，2017.

［5］唐珂．互联网+现代农业的中国实践［M］．北京：中国农业大学出版社，2017.

［6］梁鸣早，路森，张淑香．中国生态农业高产优质栽培技术体系生态种植原理与施肥模式［M］．北京：中国农业大学出版社，2017.

［7］王玉宏，李兵．山区特色种植业［M］．石家庄：河北科学技术出版社，2017.

［8］陈廷云，吴兴，马万祥．现代农业机械化装备操作及维护［M］．北京：阳光出版社，2017.

［9］马超．现代无公害有机食品标准生产技术［M］．北京：中国建材工业出版社，2017.

［10］王树松，王术平．农民致富实用技术［M］．济南：山东科学技术出版社，2017.

［11］盛姣，耿春香，刘义国．土壤生态环境分析与农业种植研究［M］．西安：世界图书出版西安有限公司，2018.

［12］李慧，张双侠．农业机械维护技术大田种植业部分［M］．北京：中国农业大学出版社，2018.

［13］柯子星，唐晓荞，王国平．食品安全与农业种植［M］．沈阳：辽宁大学出版社，2018.

［14］王晓成，高彬，田禾．现代农业综合种植实用技术［M］．北京：中国农业科学技术出版社，2018.

［15］王建华．立体化种植打造科技农业［M］．北京：现代出版社，2018.

［16］邹勇．有机农业种植技术探究［M］．咸阳：西北农林科技大学出版社，2018.

[17] 龚为纲．农业治理的逻辑农业项目的运作机制分析［M］．武汉：华中科技大学出版社，2018.

[18] 张冬平，孟志兴．农业技术经济学［M］．北京：中国农业大学出版社，2018.

[19] 梁金浩．“互联网+”时代下农业经济发展的探索［M］．北京：北京日报出版社，2018.

[20] 刘黎明．农业土地利用系统模拟与调控［M］．北京：中国农业大学出版社，2018.

[21] 廖飞，黄志强．现代农业生产经营［M］．石家庄：河北科学技术出版社，2019.

[22] 陈阜，隋鹏．农业生态学［M］．3 版．北京：中国农业大学出版社，2019.

[23] 蒋建科．颠覆性农业科技［M］．北京：中国科学技术出版社，2019.

[24] 韩玉萍，胡森，吕志藻．现代高山蔬菜种植实用技术问答［M］．武汉：湖北科学技术出版社，2019.

[25] 唐政．有机种植体系的农学及环境效应研究［M］．长春：吉林大学出版社，2019.

[26] 梁普兴，李湘妮．新时代创意农业实践与模式探索［M］．广州：广东科技出版社，2019.

[27] 李兆华．区域农业面源污染防治研究［M］．长春：吉林大学出版社，2019.

[28] 陈伟星．特色农业管理技术手册［M］．西安：西北大学出版社，2019.

[29] 陈文在，吕继运．现代设施农业生产技术［M］．西安：陕西科学技术出版社，2019.

[30] 解静．农业产业转型与农村经济结构升级路径研究［M］．北京：北京工业大学出版社，2020.

[31] 许璇．农业经济学［M］．北京：中国农业出版社，2020.

[32] 刘雯．农业经济基础［M］．北京：中国农业大学出版社，2020.

[33] 曹慧娟．新时期农业经济与管理实务［M］．沈阳：辽海出版社，2020.

[34] 李劲．农业经济发展与改革研究［M］．北京：中华工商联合出版社，2020.